模块化微型数据机房设计及安装图集

中国勘察设计协会建筑电气工程设计分会
中国建筑节能协会建筑电气与智能化节能专业委员会　主编

中国建筑工业出版社

图书在版编目（CIP）数据

模块化微型数据机房设计及安装图集/中国勘察设计协会建筑电气工程设计分会，中国建筑节能协会建筑电气与智能化节能专业委员会主编. —北京：中国建筑工业出版社，2020.1
ISBN 978-7-112-24767-7

Ⅰ. ①模… Ⅱ. ①中… ②中… Ⅲ. ①机房-建筑设计-图集②机床-建筑安装-图集 Ⅳ. ①TU244.5-64

中国版本图书馆 CIP 数据核字（2020）第 022376 号

责任编辑：高 悦 张 磊 王 治
责任校对：芦欣甜

模块化微型数据机房设计及安装图集

中国勘察设计协会建筑电气工程设计分会
中国建筑节能协会建筑电气与智能化节能专业委员会 主编

*

中国建筑工业出版社出版、发行（北京海淀三里河路 9 号）
各地新华书店、建筑书店经销
霸州市顺浩图文科技发展有限公司制版
北京同文印刷有限责任公司印刷

*

开本：880×1230 毫米 横 1/8 印张：9 字数：310 千字
2020 年 3 月第一版 2020 年 3 月第一次印刷
定价：**55.00** 元
ISBN 978-7-112-24767-7
（35330）

《模块化微型数据机房设计及安装图集》

编委会：

主　编： 欧阳东　国务院特殊津贴专家/教授级高工　中国建设科技集团监事会主席
会长　中国勘察设计协会建筑电气工程设计分会
副会长　中国建筑节能协会

副主编： 郭利群　数据中心所所长/教授级高工　中国建筑设计研究院有限公司
常务副主任　中国勘察设计协会建筑电气工程设计分会杰青组

编　委：	蒋　清	总　裁	浩德科技股份有限公司
	吕纯强	总工程师	浩德科技股份有限公司
	张广河	华为 EBG 中国区网络能源解决方案销售部总工	华为技术有限公司
	吴江荣	产品经理	华为技术有限公司
	陈　实	技术总监	浙江德塔森特数据技术有限公司
	詹　凯	技术副总监	浙江德塔森特数据技术有限公司
	郝雁强	数据中心事业部副总经理	南京普天天纪楼宇智能有限公司
	柏　斌	技术经理	南京普天天纪楼宇智能有限公司
	刘　昕	产品总监	北京力坚科技有限公司
	王　琼	技术工程师	北京力坚科技有限公司
	江　峰	高级工程师	中国建筑设计研究院有限公司
	李益惠	工程师	中国建筑设计研究院有限公司
	熊文文	所长	亚太建设科技信息研究院有限公司
	于　娟	硕士/主任	亚太建设科技信息研究院有限公司
审　委：	谢　卫	国家勘察设计大师/教授级高工	中国电子设计研究院有限公司
	王　漪	国务院特殊津贴专家/教授级高工	中国中元国际工程有限公司
	徐　华	电气总工/教授级高工	清华大学建筑设计研究院有限公司
	王苏阳	机电院副总工/教授级高工	中国建筑设计研究院有限公司
	朱立彤	电气总工/教授级高工	五洲工程设计研究院有限公司

前　　言

随着中国经济的飞速发展，数据中心机房的建设如雨后春笋般的快速发展，基于“模块化微型数据机房”技术的飞速发展，为了及时准确反映行业状态，对“模块化微型数据机房”建设过程予以引导，方便广大建筑电气设计人员、施工人员、建设单位了解并使用模块化微型数据机房控制系统，中国勘察设计协会建筑电气工程设计分会、中国建筑节能协会建筑电气与智能化节能专业委员会与五家生产或经销“模块化微型数据机房控制系统”企业共同编制了这本《模块化微型数据机房设计及安装图集》，该图集所展示的“模块化微型数据机房”满足了中国勘察设计协会团体标准《模块化微型数据机房建设标准》T/CECA 20001—2019 等国家现行相关规范标准。该图集提供了一些典型厂商的模块化微型数据机房的系统及产品方案，通过具有丰富经验的设计专家对参编单位提供的技术图纸进行校对及审核，使技术图纸满足设计要求，同时聘请了建筑设计行业的知名专家进行技术审定。希望本图集对投资方、建设方而言，通过模块化微型数据机房相关的技术系统，达到快速建设和节能的目的；对厂商而言，是模块化微型数据机房相关产品的推广宣传过程；对设计方、施工方、监理方、检测方、运维方及培训方而言，在设计、施工、应用、运维、培训过程中起到良好的指导和借鉴作用。

图集的主要内容：汇集了五家企业的模块化微型数据机房控制系统，各企业的图集内容均由系统概述、图例、系统图、工程实例、产品安装及端子接线示意图等组成。

图集的适用范围：适用对象以模块化数据中心为主，适用范围包括银行、邮政局、医院、公安、消防、普教、商业、超市、酒店、社区、企业等新建、改建及扩建的模块化微型数据机房的设计和施工。

图集的参编厂商：浩德科技股份有限公司、华为技术有限公司、浙江德塔森特数据技术有限公司、南京普天天纪楼宇智能有限公司、北京力坚科技有限公司五家企业。

由于编制时间紧迫，技术水平所限，有不妥之处，敬请批评指正。

中国勘察设计协会电气工程设计分会会长

中国建筑节能协会副会长

2019 年 11 月 11 日

目　　录

编 制 说 明

1　概述

模块化微型数据机房（Micro-Modular Data Center（MMDC））是集供配电、不间断电源、照明、空调、给水排水、安防、通信、消防、防雷及接地、环境和设备监控、IT 设备等系统于一体，由 1～50 台机柜组成，或机房场地面积不大于 120m²，且单台 IT 机柜平均电量不大于 8kW/台的节能型机房。模块化微型数据机房一般指具备树状组织架构的分支单位的多网点机房建设，为一个组织的区域分支以及区域分支以下的终端办事机构机房。

与大型数据中心相比，模块化微型数据机房占地小、节省空间、对外部环境适应性强、易于管理、维护和扩容。模块化微型数据机房向产品化方向发展，可实现快速按需部署、建设周期短；采用标准化接口；硬件设备、子系统整体泛模块化；多种方案能够灵活配置，场景适应性强；统一厂家提供，设备高度兼容，质量更加可靠；核心硬件均经过厂家高规格验证，质量可靠，能够实现整体交付；智能化管理大量节省人工成本；智能管理系统实现了智能化的运维，减少人工维护的成本，远程监控及 PAD、移动 APP 结合使用；采用冷热通道设计、列间空调，高效模块化 UPS 等技术方案，达到高效节能的建设标准要求。

2　执行相关标准及规范

《模块化微型数据机房建设标准》T/CECA 20001—2019

《数据中心设计规范》GB 50174—2017

《数据中心基础设施施工及验收规范》GB 50462—2015

《计算机场地通用规范》GB/T 2887—2011

《供配电系统设计规范》GB 50052—2009

《低压配电设计规范》GB 50054—2011

《建筑物防雷设计规范》GB 50057—2010

《建筑物电子信息系统防雷技术规范》GB 50343—2012

《建筑设计防火规范》GB 50016—2014（2018 年版）

《建筑机电工程抗震设计规范》GB 50981—2014

《智能建筑设计标准》GB 50314—2015

《建筑照明设计标准》GB 50034—2013

3　MMDC 等级分类

项目			Ⅲ级	Ⅱ级	Ⅰ级
1. 类别说明	1.1	类别定义	容错级	冗余级	基本级
	1.2	配置分类	应有备份设备及线路，且相互备用的设备和线路宜布置在不同的物理空间	宜有备份设备及线路	实现基本功能
2. 土建及装饰要求	2.1	机房位置	远离污染源，不宜设在地下室最底层，且不应设置在潮湿、易积水场所的正下方或与其贴临		
	2.2	机房面积	3～6m²/机柜	2.5～3.5m²/机柜	2～3m²/机柜
	2.3	机房净高	≥2.8m	≥2.6m	≥2.3m
	2.4	结构荷载	4～10kN/m²（针对具体情况，应进行结构荷载核算）		
	2.5	室内装饰	金属墙面、金属天花板、防静电地板	金属墙面或刷防尘漆墙面、无吊顶、防静电地板或环氧树脂自流平	刷防尘漆四白落地、无吊顶、环氧树脂自流平
	2.6	环境温湿度	停机状态下，室内环境温度 5～45℃，相对湿度 8%～80%且露点温度≤27℃		
	2.7	机房外噪声	不高于 60dB		
	2.8	洁净度	直径≥0.5μm 的悬浮粒子数少于 1760 万粒/m³	直径≥0.5μm 的悬浮粒子数少于 3520 万粒/m³	
	2.9	有害气体浓度	二氧化硫浓度≤0.5mg/m³，二氧化氮浓度≤0.24mg/m³		

续表

项目			Ⅲ级	Ⅱ级	Ⅰ级
3. 电气要求	3.1	外部电源	应保障两回线路供电，宜双重电源供电	宜两回线路供电，无条件的站点可不要求	无要求
	3.2	柴油机配置	宜设置（N+1）	宜设置（N）	无要求
	3.3	UPS 配置	2N	N+1	N
	3.4	电池配置	单机满负载后备时长>15min		根据需要确定
	3.5	配电要求	双路 UPS 供电	市电+UPS 供电	单路 UPS 供电
	3.6	照度要求	水平 500lx，垂直 150lx	水平 300lx，垂直 100lx	
	3.7	显色指数	不应小于 80		
	3.8	电涌保护器	分配电处配置电源二级电涌保护器（参数：I_n≥20kA（8/20μs），I_{max}≥40kA（8/20μs），U_p≤1.8kV），设备前端配置电源三级电涌保护器（参数：I_n≥10kA（8/20μs），I_{max}≥20kA（8/20μs），U_p≤1.2kV）		
	3.9	接地	与机房所在建筑物共用接地装置，接地电阻<10Ω		
4. 智能化要求	4.1	网络路由	"独立双网络模式"并增加 2N 存储单元	1 个进线路由	
	4.2	门禁	复合认证［刷卡+生物识别（指纹、静脉、虹膜或人脸等）+密码］	双认证（刷卡+密码）	单认证（刷卡或密码）
	4.3	安防	无盲区（机房内），无人值守机房宜设置入侵报警系统	重点监视（机房出入口、机柜通道），无人值守机房宜设置入侵报警系统	机房出入口或机柜，无人值守机房宜设置入侵报警系统
	4.4	通信	宜采用光纤或铜缆接口，也可采用无线接口，宜采用万兆及以上布线系统，宜采用智能布线系统		宜采用光纤或铜缆接口，宜采用千兆及以上布线系统
5. 精密空调要求	5.1	空调形式	精密空调		柜内空调（机架式、非机架式）
	5.2	冷源形式	宜采用自成系统的直接膨胀式风冷精密空调。也可采用独立或专用冷源，可借用大楼冷冻水资源，但冷源连续性应保证机房的工作	宜采用自成系统的直接膨胀式风冷精密空调。可借用大楼冷冻水资源，但冷源连续性应保证机房的工作	
	5.3	IT 设备温度湿度	IT 设备的入口温度 18～27℃，露点温度 5.5～15℃，且相对湿度<60%		IT 设备的入口温度 15～32℃，露点温度 5.5～15℃，且相对湿度<60%
	5.4	监控接口	状态参数：开关、制冷、加热、加湿、除湿等；报警参数：温度、相对湿度、传感器故障、压缩机压力、加湿器等		
	5.5	机组备份	N+X（1≤X≤N）		N
6. 给水排水要求	6.1	给水要求	保证加湿供水	根据设备加湿需要，保证供水	
	6.2	排水要求	事故排水（消防排水、管道漏水）、冷凝水排水、空调加湿器排水，与所在建筑物的排水系统有效对接；与机房无关的排水管道不应穿越机房		
7. 消防要求	7.1	火灾自动报警	微模块数据机房应满足《火灾自动报警系统设计规范》GB 50116 要求。可设置吸气式感烟火灾探测器（云雾室型或光电型）	微模块数据机房应满足《火灾自动报警系统设计规范》GB 50116 要求	
	7.2	消防联动控制	应设置灭火系统联动装置		
	7.3	灭火系统	微模块数据机房应满足消防灭火要求，密闭型微模块应内置灭火系统		

续表

项目			Ⅲ级	Ⅱ级	Ⅰ级
8. 管理要求	8.1	监控内容	基本要求：机房的温度、湿度、漏水状态；低压配电设备的电压、电流、开关状态、有功功率、功率因数、谐波含量；UPS设备的状态、输入和输出功率、电压、频率、电流、功率因数、负荷率；电池输入电压、电流、容量；同步/不同步状态、不间断电源系统/旁路供电状态、市电故障、不间断电源系统故障；蓄电池的温度、内阻、电压、电流；机房空调设备状态、强制排水设备；视频、门禁运行状态等。 增强条件：可监控粒子浓度；新风系统状态；加湿、除湿设备状态、消防设施运行状态	机房的温度、湿度、漏水状态；低压配电设备的电压、电流；UPS设备的状态；蓄电池的温度、内阻、电压、电流；机房空调设备状态、强制排水设备；视频、门禁运行状态等	
	8.2	数据分析	基本要求：告警分析及筛选；短信、邮件、电话、声光告警方式；对瞬时PUE以及历史PUE曲线进行监测记录等。 增强条件：可分析机房剩余可用电力、空间、冷量等容量资源；积累告警维护经验库；在电子地图展示各级机房部署信息；机房设备分布3D视图；资产管理；子系统能耗统计、电费计算；温度云图；移动终端APP应用；电子巡检、状态趋势分析、故障预测等	告警分析及筛选；短信、邮件、电话、声光告警方式；对瞬时EEUE以及历史PUE曲线进行监测记录等	
	8.3	开放性	向下和向上通信协议接口宜采用国际通用的标准接口；管理系统软件可支持云服务		
	8.4	安全性	软件系统应能通过主流杀毒软件的病毒扫描、漏洞扫描；数据进行加密存储、传输		
9. 运维管理要求	9.1	服务质量	7×24h专人维护和专用配件	5×8h专人维护和专用配件电话或邮件响应	电话或邮件响应
	9.2	安全检测	第三方评测，自检自评	自检自评	
	9.3	系统可用性	99.99%（停机时间小于50min/年，不可抗力除外）	99.9%（停机时间小于500min/年，不可抗力除外）	99%（停机时间小于5000min/年，不可抗力除外）
	9.4	运维安全	1）应用安全：应包括权限认证和管理，根据不同的角色授予查看或修改权限（设置、修改、删除），通过用户账户以U盾或密码的认证方式进行访问，宜限制IP地址范围、访问时间段或设置访问设备的IMEI或MAC控制访问权限； 2）系统安全：采取防网络攻击措施，进行操作系统安全加固，进行数据库、协议和接口安全设计，进行敏感数据保护，实现系统安全。软件系统能通过主流杀毒软件的病毒扫描、漏洞扫描； 3）数据安全：数据安全保护采集安全、传输安全和存储安全三方面。数据采集采用SNMP v3或更高版本保障采集安全，通过数据加密传输实现数据传输安全，在系统文件、数据库转储文件及应用数据库中实现所有数据的备份和恢复，对操作日志、告警和配置等关键数据实现本地或异地备份，实现数据存储安全		

注：Ⅲ级为最高等级，Ⅰ级为最低等级。

4 图集主要内容

单位名称	主要内容	技术指标	技术特点
浩德科技股份有限公司	1）单柜模块化微型数据机房HDDC-Y1-1型； 2）单柜模块化微型数据机房HDDC-Y1-2型； 3）双列模块化微型数据机房HDDC-M2型	1）HDDC-Y1-1型电源容量为3～8kW，由主设备舱和辅设备舱组成，电池备电时间可根据需求配置，至少15min； 2）HDDC-Y1-2型电源容量为3～6.5kW，电池备电时间可根据需求配置，至少15min； 3）HDDC-M2型最大配置容量为80kW，电池备电时间为15min	1）单柜模块化微型数据机房由UPS、蓄电池、PDU、智能监控管理主机、机柜空调机、电源配电箱、门禁、消防模块和监控模块等组成，机房空调无需室外机安装场地； 2）双列模块化微型数据机房由IT机柜、列间空调柜和电源柜组成，具有封闭冷通道和消防联动天窗的结构功能
华为技术有限公司	微型微模块、小型微模块、中型微模块三种模块化数据机房解决方案以及数据机房控制器ECC800 Pro	微型微模块单机柜功率不超过6kW，小型微模块最大支持25kW的IT负载，中型微模块单模块IT负载可达125kW，三种模块机电池备电时间均为15～240min。ECC800 Pro数据机房控制器可以实现模块化微型数据机房内温湿度传感器，照明、门磁、天窗执行器，烟雾探测器、UPS、空调等设备的智能管理	微型微模块不设空调，无需设置专用机房。小型微模块采用直膨风冷制冷方式，设置在模块内。中型微模块采用近端制冷、变频行间风冷空调，需在模块间预留空调。ECC800 Pro数据机房控制器即插即用，支持智能联动管理，移动设备无线接入，支持远程维护，实现多场景集中管理

续表

单位名称	主要内容	技术指标	技术特点
浙江德塔森特数据技术有限公司	1）MicroD系列绿色智能数据机房一体机； 2）EdgeN系列绿色智能网络机房一体机； 3）SecuC系列绿色智能屏蔽机房一体机	在全封闭的标准机柜内，高度集成了模块化空调、UPS、配电单元、PDU、应急散热装置、布线、照明、门禁以及综合管理平台系统等绿色智能机房设施，为IT设备提供稳定可靠的运行环境；一体机即绿色智能微型一体化机房	1）大幅缩短建设周期，助力机房设备间靓化和转型； 2）工程产品化，一站式一体化服务，解决售后困扰； 3）提升远程智能化监控运维管理水平，实现24h无人值守； 4）设备运行稳定、使用寿命延长； 5）绿色节能环保，节省运营成本； 6）节省场地空间，提升可用面积
南京普天天纪楼宇智能有限公司	1）单机柜模块化微型机房； 2）多机柜模块化微型机房	1）单机柜模块化微型机房电源容量为3kVA，电池备电时间为1.0h； 2）多机柜模块化微型机房整机容量为150kVA，功率模块为25kVA，电池备电时间为1.0h	1）单机柜模块化微型机房采用标准化和模块化的设计，内部使用机架式空调，冷热气流内循环占地面积小、集成度更高、更加节能环保； 2）多机柜模块化微型机房采用了封闭冷通道、列间空调和高频模块化UPS等技术，达到绿色节能环保等要求
北京力坚科技有限公司	1）感温自启动型机架式消防模块； 2）烟温感联动型机架式消防模块	1）感温自启动型机架式消防模块在机柜内的环境达到感温玻璃球设定的启动温度68℃（或可根据环境需求定制）时动作，实施全淹没灭火； 2）烟温感联动型机架式消防模块采用机柜内烟感和温感联动启动方式，可选配主动吸气式早期报警探测单元，进一步提高机房的火灾预警能力	针对模块化微型数据机房设备进行精准保护，迅速定位火灾隐患，灭火药剂量远小于常规机房灭火系统，易安装，可灵活选择是否与大楼消防系统进行联动，部署及管理更加简单

电力电缆穿热镀锌钢管(SC)最小管径

电缆型号 0.6/1kV	电缆截面（mm^2）		2.5	4	6	10	16	25	35
	热镀锌钢管(SC)		最小管径(mm)						
WDZ-YJY WDZ-YJRY	电缆穿管长度 在30m及以下	直通	20	25		32		40	50
		一个弯曲时	25	32		40	50		70
		二个弯曲时	32	40		50	70		80
电缆型号 0.6/1kV	电缆截面(mm^2)		50	70	95	120	150	185	240
	热镀锌钢管(SC)		最小管径(mm)						
WDZ-YJY WDZ-YJRY	电缆穿管长度 在30m及以下	直通	50	70		80	100		
		一个弯曲时	70	80	100		125		150
		二个弯曲时	100		125		150		—

常用线缆管径表

导线型号 0.45/0.75kV	单芯导线穿管根数	热镀锌钢管(SC)(mm)													
		导线截面(mm^2)													
		1.0	1.5	2.5	4	6	10	16	25	35	50	70	95	120	150
WDZ-BYJ WDZN-BYJ	2		15				25		32		40	50	70		80
	3								40		50	70			
	4						32						80		
	5		20					40			70		100		
	6								50						
	7			25			40								
	8					32			70		80		125		150

图例符号

序号	图例	设备名称	备注
1		服务器机柜	
2	FXG	配线机柜	
3		冷通道端门	
4		冷通道功能天窗	
5		冷通道消防天窗	
6	AP	市电配电柜	
7	UPS	UPS配电柜	
8	RPP	配电列头柜	
9	Wh	智能电量仪	
10		PDU	
11	BAT	免维护蓄电池	
12		单管LED照明灯	
13	EX	单管LED照明灯	防爆型
14		双管LED照明灯	
15		单联、双联开关	
16	DK	照明控制模块	红外控制
17	LEB	局部等电位箱	
18		列间空调室内机	
19		列间空调室外机	
20		机架式空调	
21		机架式空调室外机	
22	智能监控屏	智能触控屏	
23		一体化监控主机	
24	485	485智能监测卡	

序号	图例	设备名称	备注
25	ACS	门禁控制器	
26		读卡器	
27	E	出门按钮	
28	EL EL	双门磁力锁	
29	NVR	网络硬盘录像机	
30		半球IP摄像机	
31	Switch	交换机	
32	MS	监控服务器	
33	ECC	ECC采集器	
34	T/H	温湿度传感器	
35	W	区域式漏水传感器	
36		漏水传感器检测绳	
37		声光告警器	
38	SC	天窗控制器	
39	消防模块	机架式消防模块	
40		极早期探测单元	
41		感烟探测器	
42		感温探测器	
43		消防模块喷嘴	
44		压力表	
45		极早期采样管末端帽	
46		极早期采样管	
47	IR/M	双鉴探测器	红外/微波
48			

系统概述

浩德科技采用最新工业设计理念，融合多平台软硬件设计架构，推出了具有完全自主知识产权的符合《模块化微型数据机房建设标准》T/CECA 20001—2019 的模块化微型数据机房系列产品如下：

1. HDDC-Y1-1 型单柜模块化微型数据机房

单机柜的一体化数据机房，是由主设备舱和辅设备舱组合而成的全封闭机房，整体外形尺寸为：950（W）×1200（D）×2000（H）（W—宽度；D—深度；H—高度；单位：mm），主设备舱位于机柜左边，辅设备舱位于机柜右边，主设备舱宽度为 600，辅设备舱宽度为 350。在主设备舱内集成了 UPS、蓄电池、PDU、智能监控管理主机、门禁、消防模块和监控模块等，在辅设备舱内集成了机柜式空调机和电源配电箱等，在主设备舱内预留 IT 设备的安装空间。机房配有智能动环监控管理系统，在辅机舱正门上装有彩色液晶触摸操作监控屏，机房空调为风冷式一体化机柜空调，无需室外机安装场地。

2. HDDC-Y1-2 型单柜模块化微型数据机房

单机柜的一体化全封闭数据机房，整体外形尺寸为：600（W）×1200（D）×2000（H）。在机柜内集成了 UPS、蓄电池、PDU、智能监控管理主机、机柜空调机、电源配电箱、门禁、消防模块和监控模块等，在主设备舱内预留 IT 设备的安装空间。机房配有智能动环监控管理系统，在前门上装有彩色液晶触摸操作监控屏，机房空调为风冷分体式机柜空调，需要室外机的安装场地，但也可选择配置一体化机柜空调而无需室外机安装场地。

3. HDDC-M2 型双列模块化微型数据机房

双列组合机柜面对面平行排列组成的微模块机房，每列机柜可由 8 台 IT 机柜、2 台列间空调和 1 台电源柜平行排列组合而成。IT 机柜外形尺寸为：600（W）×1200（D）×2000（H），列间空调和电源柜的外形尺寸一般与 IT 机柜相同。微模块机房具有封闭冷通道和消防联动天窗的结构。列间空调平行送风和回风有利于提高机房制冷效率；封闭冷通道有利于空调送出的冷风的汇集而无泄漏损失从而提高制冷效率，同时有利于多台列间空调的冗余制冷性能而提高系统运行的安全可靠性能；封闭冷通道的顶部安装有数扇满足消防联动的活动天窗。机房冷通道的两端设有玻璃门以方便运维人员进出机房冷通道，机房正常运行时门都是关闭的以确保冷池节能运行的有效性能。机房配有动环监控智能管理系统，门旁装有彩色液晶监控触摸屏，机柜数量可以按需定制。

模块化微型数据机房具有按需设计定制、节能降耗、建设周期短、快速灵活部署、防尘低噪声、提高空间利用率和系统兼容性、节省投资、按需扩容灵活升级、可管理，适用于安装在各种室内环境空间，为保障 IT 设备长期连续稳定运行提供高可用性、高可靠性和高适应性的基础支撑环境。

	产品系列	HDDC-Y1-1 型	HDDC-Y1-2 型	HDDC-M2 型
技术规格	机柜	外形尺寸：950（W）×1200（D）×2000（H），其中主舱宽 600，辅舱宽 350。 主舱 19in（1in≈2.54cm）机架，IT 设备安装高度 32U	外形尺寸：600（W）×1200（D）×2000（H），19in 机架，IT 设备安装高度 24U	IT 机柜外形尺寸为：600（W）×1200（D）×2000（H），19in 机架，IT 设备安装空间为 16×42U，单机柜用电 5kW（可按需配置）
	供配电	市电电源：AC220V 单相三线制 总容量：3kW～8kW 按需配置	市电电源：AC220V 单相三线制 总容量：3kW～6.5kW 按需配置	双 UPS 进线（IT 电）：AC380V 三相五线制 50Hz/80kW（可按需配置） 双市电进线（空调电）：AC380V 三相五线制 50Hz/50kW（可按需配置）
	UPS	输入电压制式：220V/AC 单相三线制 输入电压范围：100V～288V 输入频率范围：50Hz±10% 输出电压：220V/AC 单相三线制 输出频率范围：50Hz±0.2% UPS 的蓄电池后备时间：15min（可延长） 容量（选配）：2kVA、3kVA、5kVA、6kVA	输入电压制式：220V/AC 单相三线制 输入电压范围：100V～288V 输入频率范围：50Hz±10% 输出电压：220V/AC 单相三线制 输出频率范围：50Hz±0.2% UPS 的蓄电池后备时间：15min（可延长） 容量（选配）：2kVA、3kVA、5kVA	模块外配置 输入电压制式：380V/AC 三相五线制 输入电压范围：208V～476V 输入频率范围：40Hz～50Hz 输出电压：380V/AC 三相五线制 输出频率范围：50Hz±0.02% UPS 的蓄电池后备时间：15min 容量：≥100kVA
	照明	门内上部设置 LED 照明，电压 220V/AC，功率 8W	门内上部设置 LED 照明，电压 220V/AC，功率 8W	机柜正面冷通道上部设置 LED 照明，电压 220V/AC，功率 6W
	空调	机柜安装一体式风冷空调，制冷量：2kW、3.5kW、5.5kW、6.5kW	机架分体式风冷空调，制冷量：2kW、3.5kW、5.5kW	列间风冷空调，制冷量：30kW×4，3+1 冗余
	给水排水	无需给水，机柜背面下方设有排水接口	无需给水，机柜背面下方设有排水接口	列间空调下方设置加湿给水接口，排水接口
	安防	机柜前门和后门设有门禁锁	机柜前门和后门设有门禁锁	冷通道端面门设有门禁锁
	消防	内设气体灭火器：机架式低压七氟丙烷灭火器，干粉气溶胶灭火器（选配）	内设气体灭火器：机架式低压七氟丙烷灭火器，干粉气溶胶灭火器（选配）	采用环境气体灭火系统，冷通道活动天窗带消防联动开启功能
	通信	检测数据采用 TCP/IP 远程传输，具有手机通知、邮件报警功能	检测数据采用 TCP/IP 远程传输，具有手机通知、邮件报警功能	检测数据采用 TCP/IP 远程传输，具有手机通知、邮件报警功能
	防雷及接地	电源进线设置 C 级浪涌保护器，柜内设置专用接地铜排和接地端子	电源进线设置 C 级浪涌保护器，柜内设置专用接地铜排和接地端子	电源进线设置 C 级浪涌保护器，列头柜和机柜内设专用接地铜排和端子
	环境和设备监控	智能动环监控管理系统监测范围：供配电、防雷、UPS、蓄电池、空调、温湿度、门禁、视频监控、空调漏水报警、烟感和超温报警	智能动环监控管理系统监测范围：供配电、防雷、UPS、蓄电池、空调、温湿度、门禁、视频监控、空调漏水报警、烟感和超温报警	智能动环监控管理系统监测范围：供配电、防雷、UPS、蓄电池、空调、温湿度、门禁、视频监控、空调漏水报警、烟感和超温报警
外部接口	包括：交流进线电源，空调室外机安装场地，空调冷凝水排水通道；安防视频监控和入侵报警采用 UTP 铜缆 RJ45 接口，环境消防报警系统采用 RS485 接口，外部电源及信号引入端配置一级或二级电涌保护器；独立的环境和设备监控系统具有国际通用的标准接口，机柜间自带并柜件，具有模块化插拔功能，能上传告警，空间容量、电力和资产等信息			

系统概述	图号
浩德科技股份有限公司	MMDC1-1

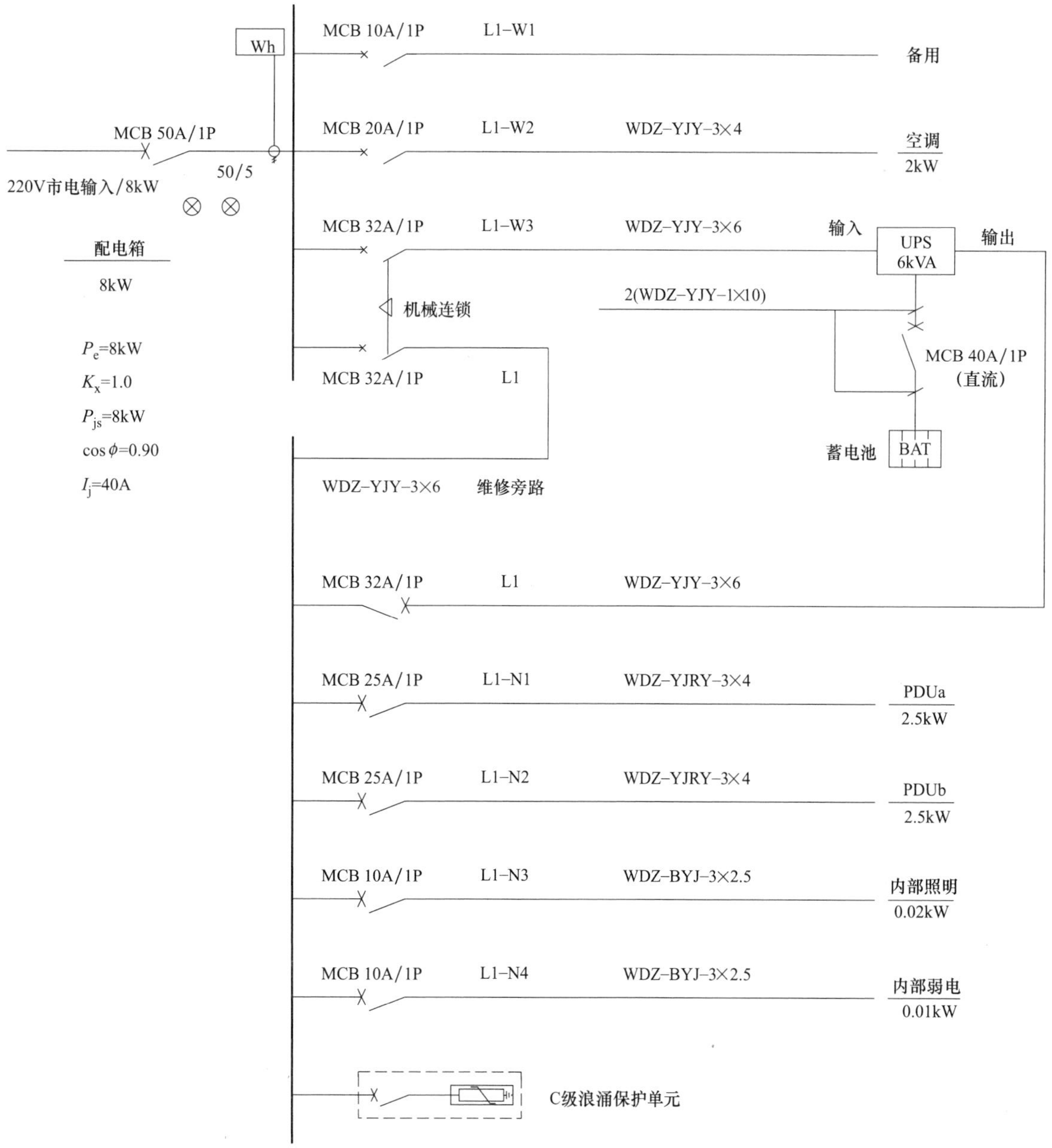

MCB 10A/1P
L1-W1
备用
Wh
MCB 20A/1P
L1-W2
WDZ-YJY-3×4
空调
2kW
MCB 50A/1P
220V市电输入/8kW
50/5
配电箱
8kW
P_e=8kW
K_x=1.0
P_{js}=8kW
cosϕ=0.90
I_j=40A
MCB 32A/1P
L1-W3
WDZ-YJY-3×6
输入
UPS
6kVA
输出
机械连锁
2(WDZ-YJY-1×10)
MCB 32A/1P
L1
MCB 40A/1P
(直流)
蓄电池
BAT
WDZ-YJY-3×6
维修旁路
MCB 32A/1P
L1
WDZ-YJY-3×6
MCB 25A/1P
L1-N1
WDZ-YJRY-3×4
PDUa
2.5kW
MCB 25A/1P
L1-N2
WDZ-YJRY-3×4
PDUb
2.5kW
MCB 10A/1P
L1-N3
WDZ-BYJ-3×2.5
内部照明
0.02kW
MCB 10A/1P
L1-N4
WDZ-BYJ-3×2.5
内部弱电
0.01kW
C级浪涌保护单元

配电系统图

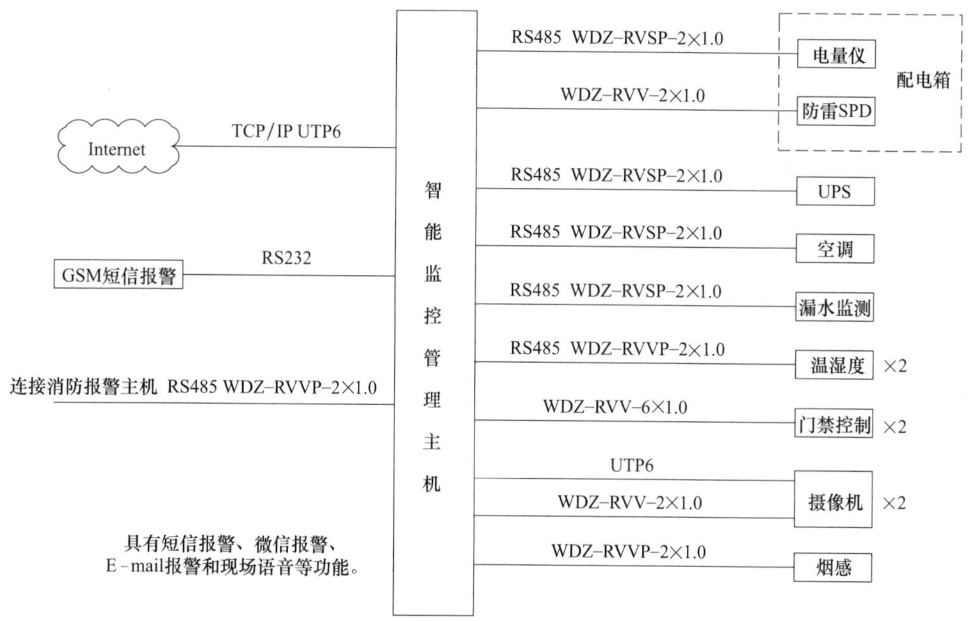

Internet
TCP/IP UTP6
GSM短信报警
RS232
连接消防报警主机 RS485 WDZ-RVVP-2×1.0
智能监控管理主机
RS485 WDZ-RVSP-2×1.0
电量仪
WDZ-RVV-2×1.0
防雷SPD
配电箱
RS485 WDZ-RVSP-2×1.0
UPS
RS485 WDZ-RVSP-2×1.0
空调
RS485 WDZ-RVSP-2×1.0
漏水监测
RS485 WDZ-RVVP-2×1.0
温湿度 ×2
WDZ-RVV-6×1.0
门禁控制 ×2
UTP6
WDZ-RVV-2×1.0
摄像机 ×2
WDZ-RVVP-2×1.0
烟感
具有短信报警、微信报警、
E-mail报警和现场语音等功能。

智能监控管理系统图

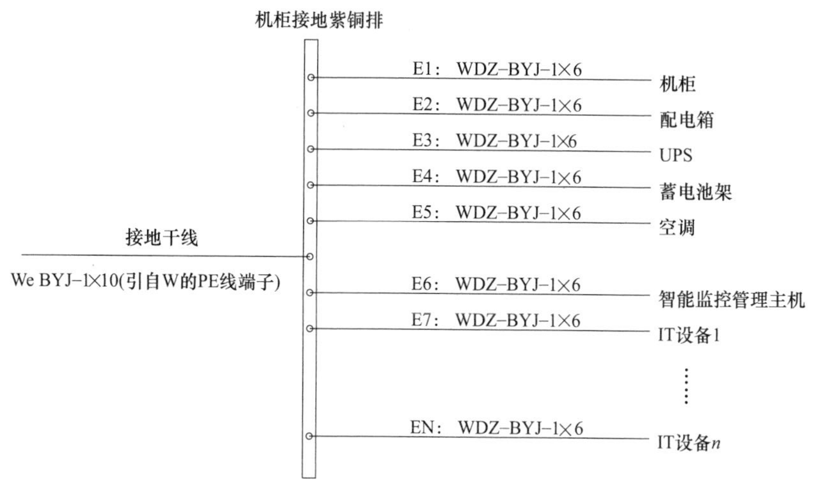

机柜接地紫铜排
E1: WDZ-BYJ-1×6
机柜
E2: WDZ-BYJ-1×6
配电箱
E3: WDZ-BYJ-1×6
UPS
E4: WDZ-BYJ-1×6
蓄电池架
E5: WDZ-BYJ-1×6
空调
接地干线
We BYJ-1×10(引自W的PE线端子)
E6: WDZ-BYJ-1×6
智能监控管理主机
E7: WDZ-BYJ-1×6
IT设备1
EN: WDZ-BYJ-1×6
IT设备n

接地系统图

说明：

配电系统图示例按最大容量 8kW 设计。

HDDC-Y1-1 单柜机房系统图	图号
浩德科技股份有限公司	MMDC1-2

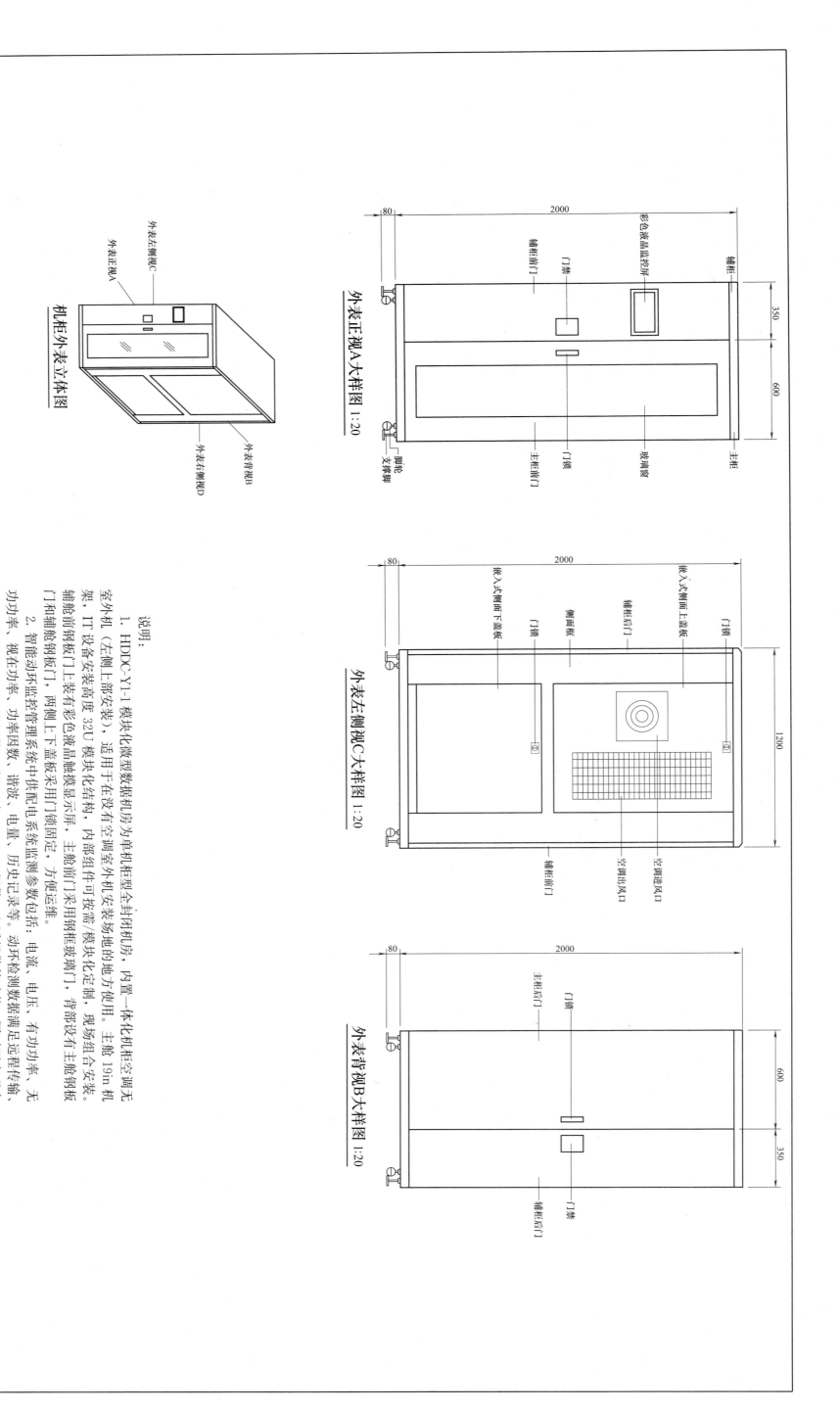

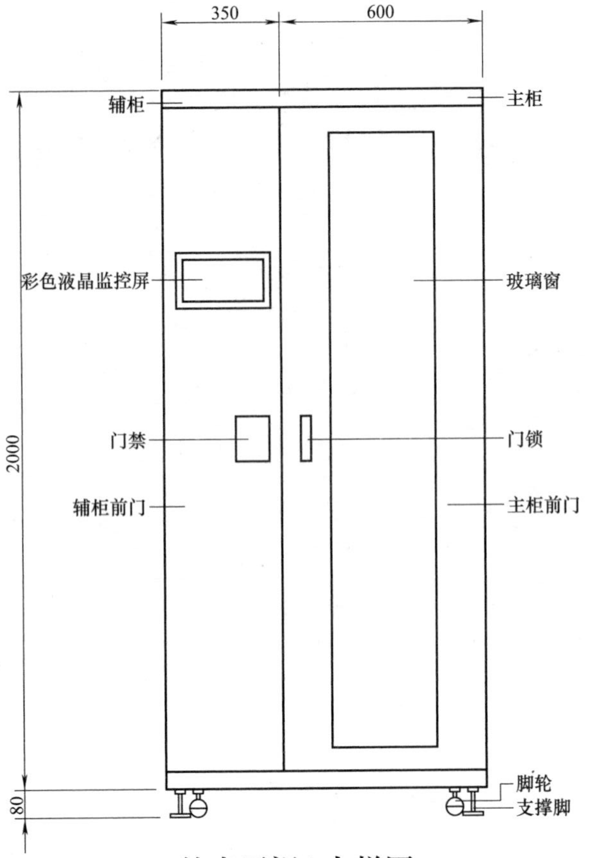
350
600
2000
80
辅柜
主柜
彩色液晶监控屏
玻璃窗
门禁
门锁
辅柜前门
主柜前门
脚轮
支撑脚

外表正视A大样图 1:20

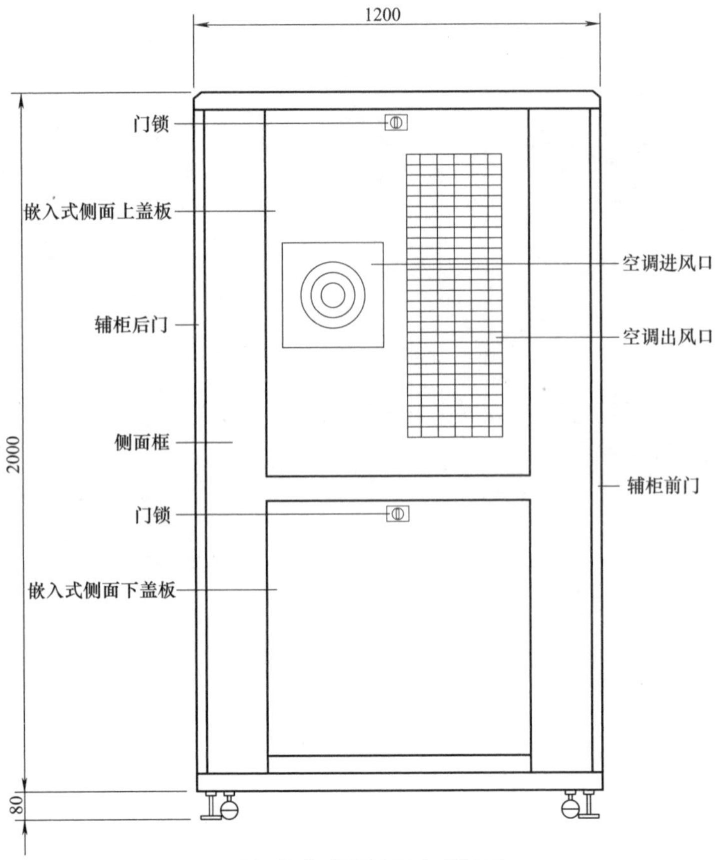
1200
2000
80
门锁
嵌入式侧面上盖板
空调进风口
空调出风口
辅柜后门
侧面框
辅柜前门
门锁
嵌入式侧面下盖板

外表左侧视C大样图 1:20

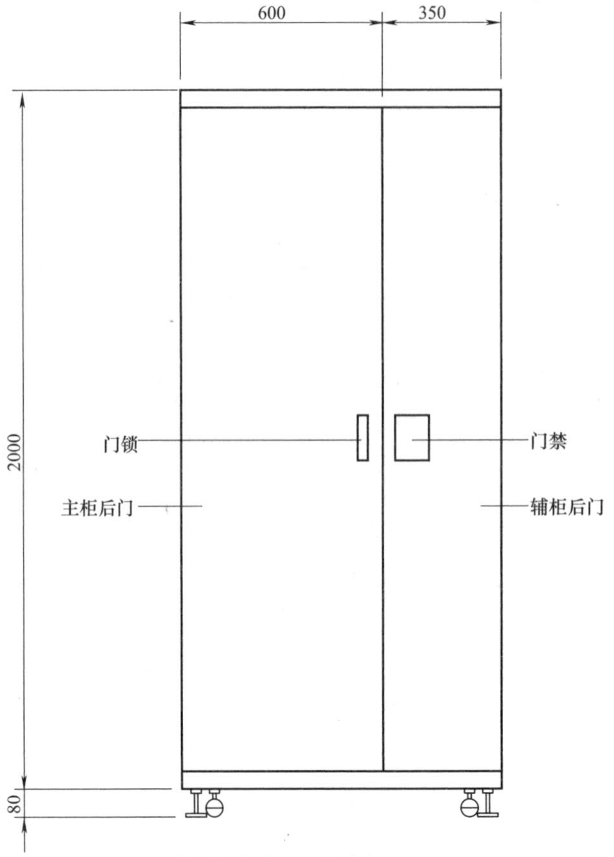
600
350
2000
80
门锁
门禁
主柜后门
辅柜后门

外表背视B大样图 1:20

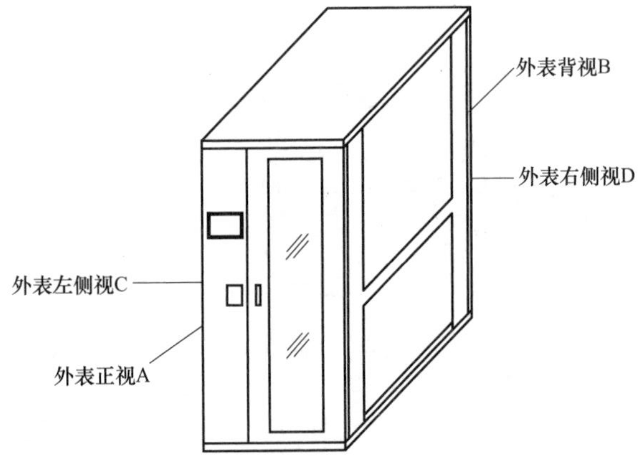
外表背视B
外表右侧视D
外表左侧视C
外表正视A

机柜外表立体图

说明：

1. HDDC-Y1-1 模块化微型数据机房为单机柜型全封闭机房，内置一体化机柜空调无室外机（左侧上部安装），适用于在没有空调室外机安装场地的地方使用。主舱 19in 机架，IT 设备安装高度 32U 模块化结构，内部组件可按需/模块化定制，现场组合安装。辅舱前钢板门上装有彩色液晶触摸显示屏，主舱前门采用钢框玻璃门，背部设有主舱钢板门和辅舱钢板门，两侧上下盖板采用门锁固定，方便运维。

2. 智能动环监控管理系统中供配电系统监测参数包括：电流、电压、有功功率、无功功率、视在功率、功率因数、谐波、电量、历史记录等。动环检测数据满足远程传输、相关数据可设置上下限报警、手机通知、E-mail 报警、电话报警等功能，同时可实现实时 EEUE 值计算显示、历史记录查询等。

HDDC-Y1-1 单柜机房大样图（一）	图号
浩德科技股份有限公司	MMDC1-3

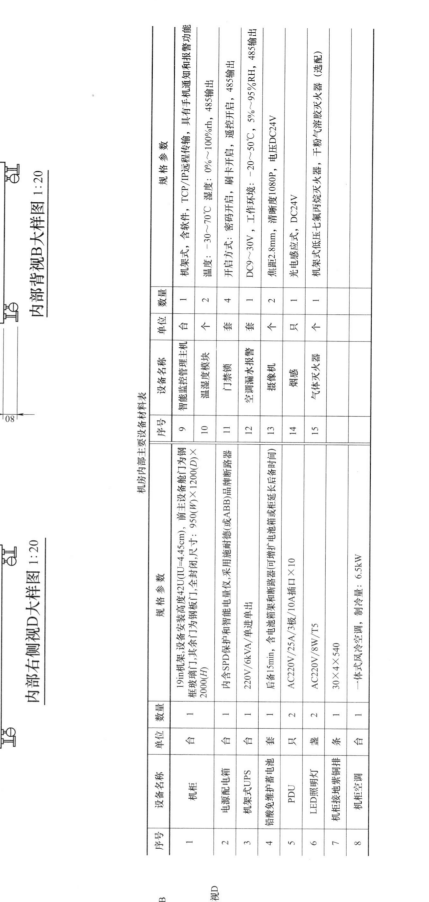

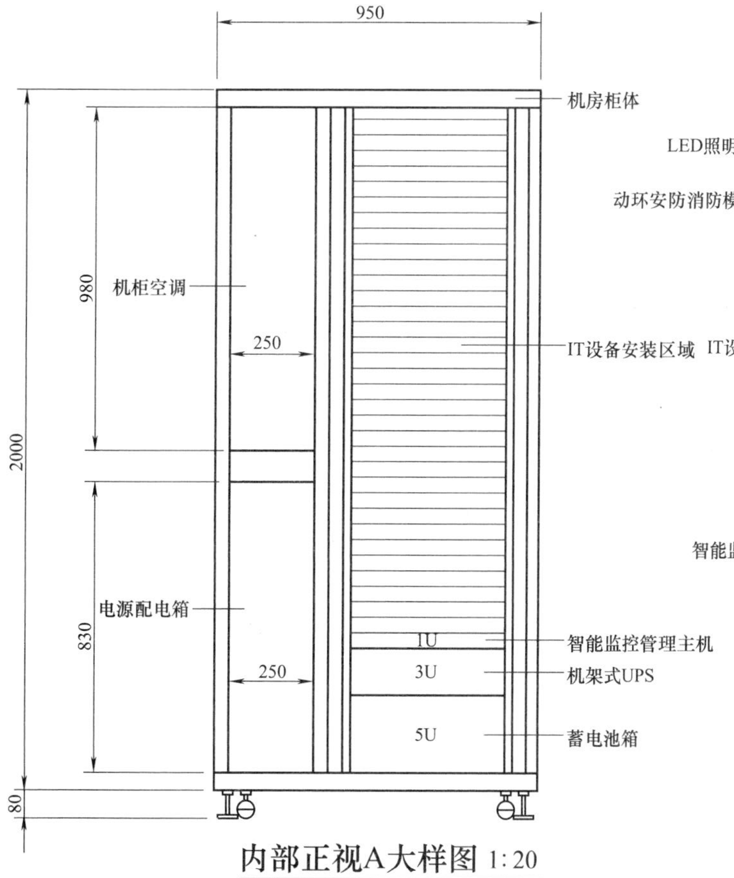
950
2000
980
830
80
250
机房柜体
机柜空调
IT设备安装区域
电源配电箱
1U
3U
5U
智能监控管理主机
机架式UPS
蓄电池箱
内部正视A大样图 1:20

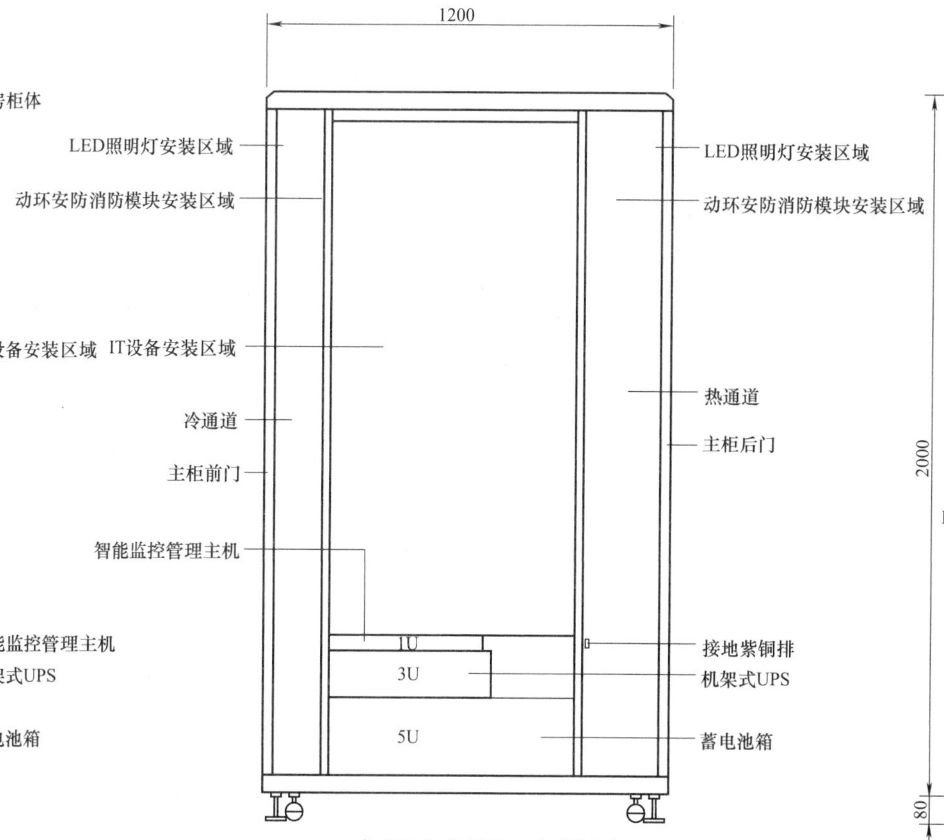
1200
LED照明灯安装区域
动环安防消防模块安装区域
IT设备安装区域
冷通道
主柜前门
智能监控管理主机
热通道
主柜后门
接地紫铜排
机架式UPS
蓄电池箱
1U
3U
5U
内部右侧视D大样图 1:20

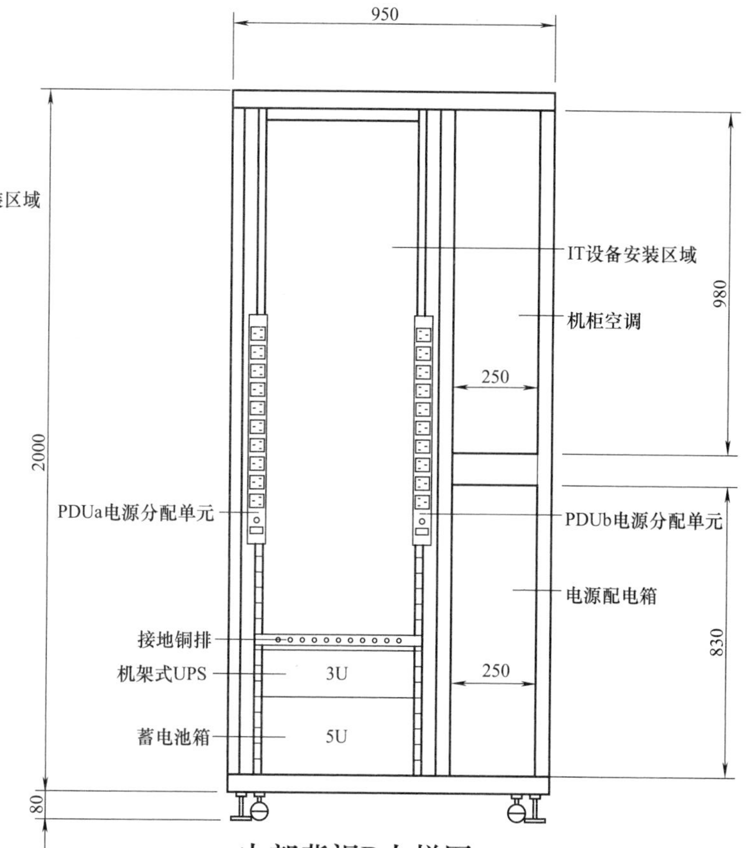
950
2000
980
830
80
250
IT设备安装区域
机柜空调
PDUa电源分配单元
PDUb电源分配单元
电源配电箱
接地铜排
机架式UPS
蓄电池箱
3U
5U
内部背视B大样图 1:20

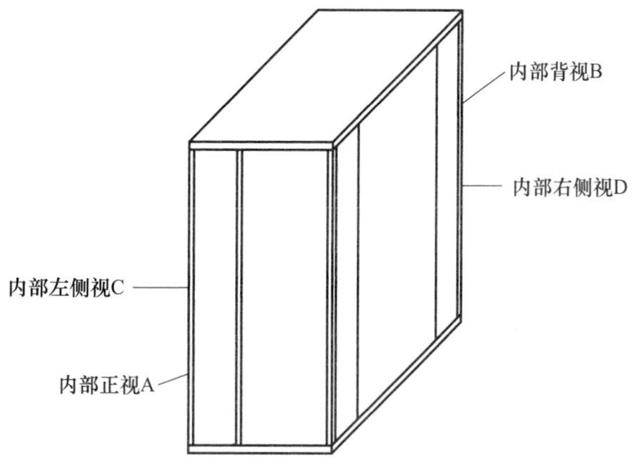
内部背视B
内部右侧视D
内部左侧视C
内部正视A
机柜内部立体图

机房内部主要设备材料表

序号	设备名称	单位	数量	规格参数	序号	设备名称	单位	数量	规格参数
1	机柜	台	1	19in机架,设备安装高度42U(IU=4.45cm)，前主设备舱门为钢框玻璃门,其余门为钢板门,全封闭,尺寸：950(*W*)×1200(*D*)×2000(*H*)	9	智能监控管理主机	台	1	机架式，含软件，TCP/IP远程传输，具有手机通知和报警功能
2	电源配电箱	台	1	内含SPD保护和智能电量仪,采用施耐德(或ABB)品牌断路器	10	温湿度模块	个	2	温度：-30～70℃ 湿度：0%～100%rh，485输出
3	机架式UPS	台	1	220V/6kVA/单进单出	11	门禁锁	套	4	开启方式：密码开启，刷卡开启，遥控开启，485输出
4	铅酸免维护蓄电池	套	1	后备15min，含电池箱架和断路器(可增扩电池箱或柜延长后备时间)	12	空调漏水报警	套	1	DC9～30V，工作环境：-20～50℃，5%～95%RH，485输出
5	PDU	只	2	AC220V/25A/3极/10A插口×10	13	摄像机	个	2	焦距2.8mm，清晰度1080P，电压DC24V
6	LED照明灯	盏	2	AC220V/8W/T5	14	烟感	只	1	光电感应式，DC24V
7	机柜接地紫铜排	条	1	30×4×540	15	气体灭火器	个	1	机架式低压七氟丙烷灭火器，干粉气溶胶灭火器（选配）
8	机柜空调	台	1	一体式风冷空调，制冷量：6.5kW					

HDDC-Y1-1 单柜机房大样图（二）	图号
浩德科技股份有限公司	MMDC1-4

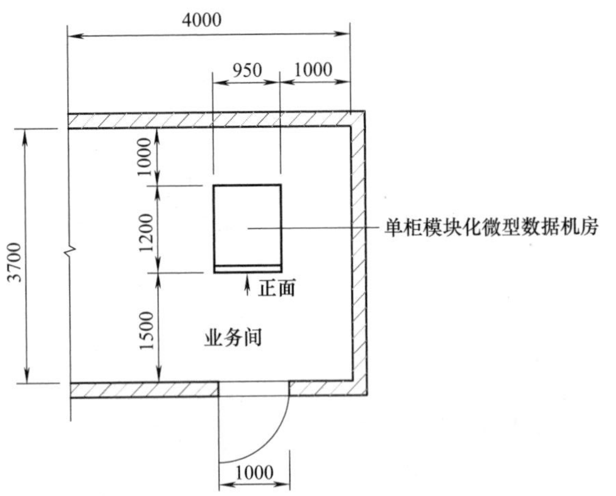
4000
950
1000
1000
1200
1500
3700
单柜模块化微型数据机房
正面
业务间
1000

场地设备布置平面图 1:100

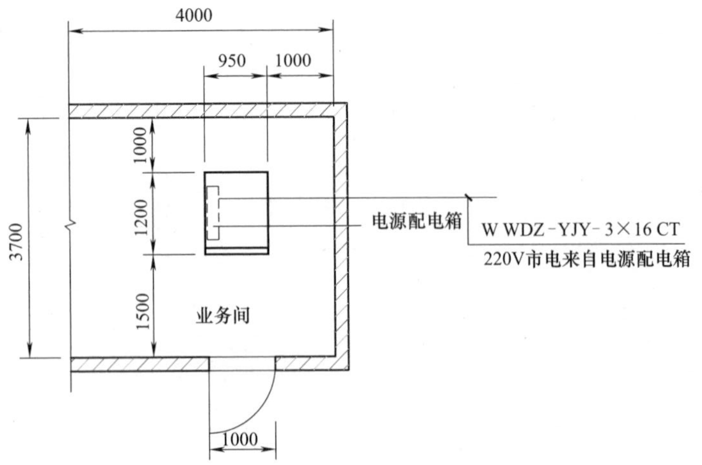
4000
950
1000
1000
1200
1500
3700
电源配电箱
W WDZ-YJY-3×16 CT
220V市电来自电源配电箱
业务间
1000

场地机柜配电平面图 1:100

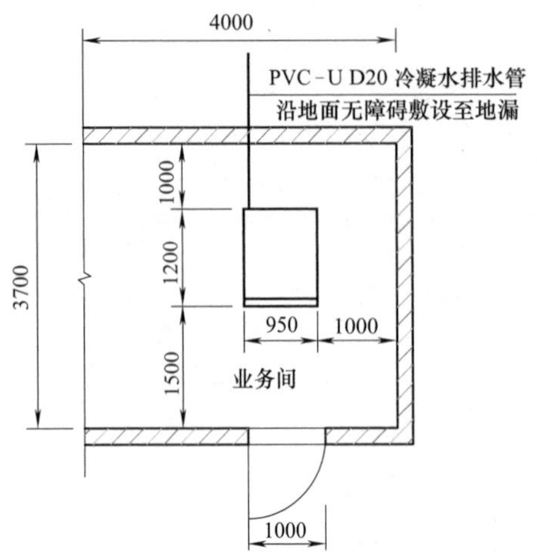
4000
PVC-U D20 冷凝水排水管
沿地面无障碍敷设至地漏
1000
1200
1500
3700
950
1000
业务间
1000

场地空调排水管平面图 1:100

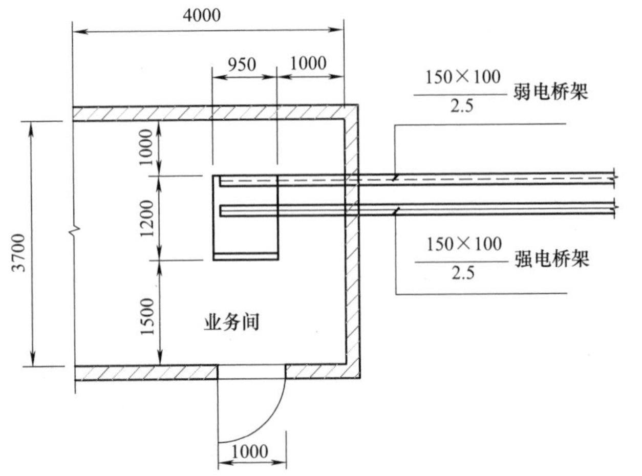
4000
950
1000
150×100
2.5
弱电桥架
强电桥架
1000
1200
1500
3700
业务间
1000

场地桥架平面图 1:100

安装说明：

1. HDDC-Y1-1 模块化微型数据机房的安装场地应在室内，地面可以是建筑地面，也可以是防静电地板地面，场地应平整干净，设有照明，有自然通风功能，机柜的前后应留有符合要求的运维空间。

2. 设备总重量约为 600kg，设备安装场地楼板荷载值应不小于 6kN/m^2，如达不到可设计散力架安装。

3. 采用 220V 单相三线制电源，进线电缆上游断路器应不小于 63A，PE 线应可靠接地；电源电缆和数据铜缆进入机柜的入口应分别做好密封处理。

4. 机柜空调的冷凝水排水管应沿地面无障碍敷设至地漏，冷凝水排水管与机柜排水口处应做好密封处理。

5. 强电桥架和弱电桥架应安装牢固，并做好接地处理。

6. 安装环境应有防盗安全设施，宜装有监控摄像机、门禁等安全设施。

HDDC-Y1-1 单柜机房平面及安装图	图号
浩德科技股份有限公司	MMDC1-5

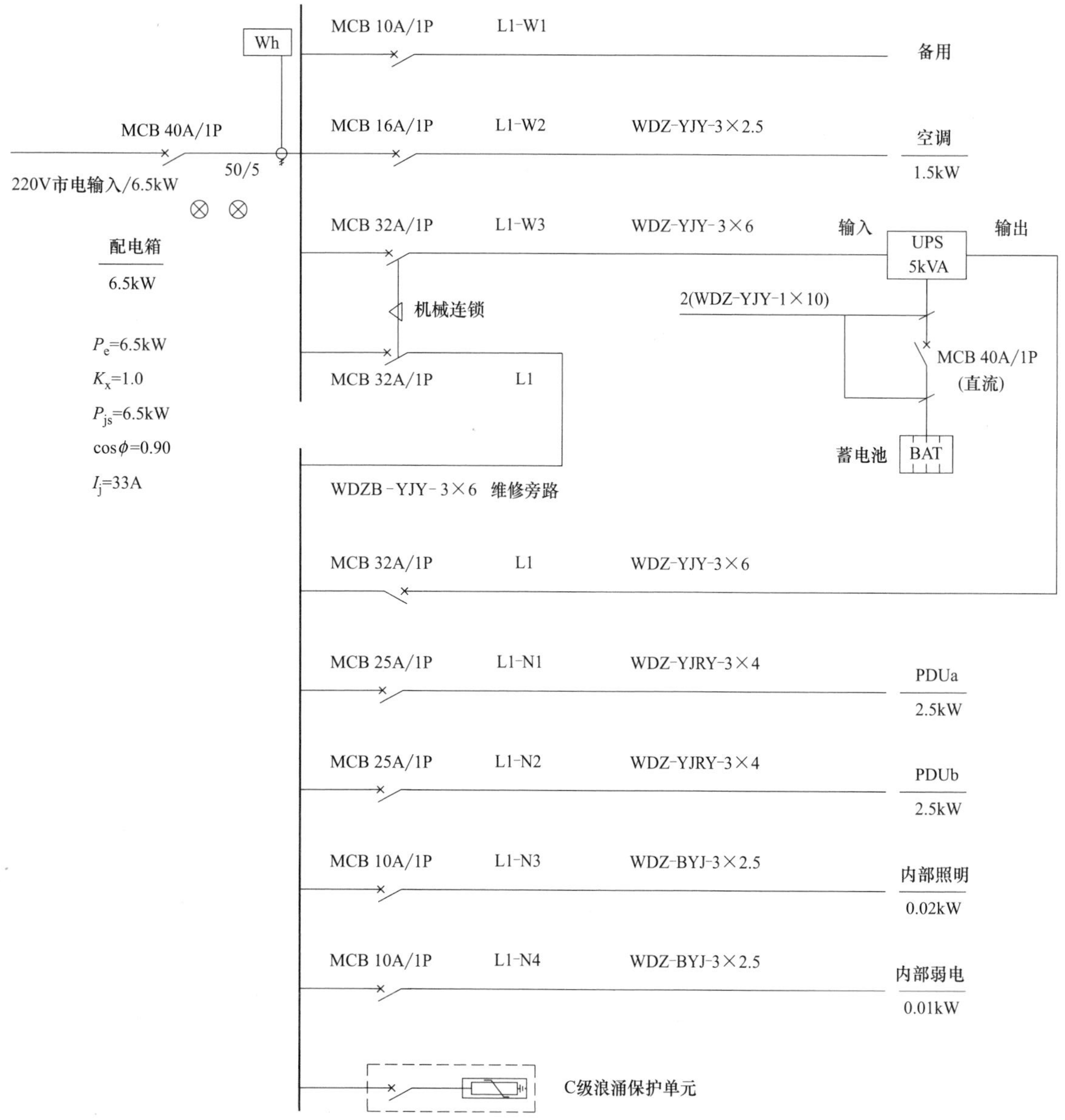

Wh
MCB 40A/1P
220V市电输入/6.5kW
50/5
配电箱
6.5kW
P_e=6.5kW
K_x=1.0
P_{js}=6.5kW
cosϕ=0.90
I_j=33A
MCB 10A/1P L1-W1 备用
MCB 16A/1P L1-W2 WDZ-YJY-3×2.5 空调 1.5kW
MCB 32A/1P L1-W3 WDZ-YJY-3×6 输入 UPS 5kVA 输出
机械连锁
2(WDZ-YJY-1×10)
MCB 40A/1P (直流)
蓄电池 BAT
MCB 32A/1P L1
WDZB-YJY-3×6 维修旁路
MCB 32A/1P L1 WDZ-YJY-3×6
MCB 25A/1P L1-N1 WDZ-YJRY-3×4 PDUa 2.5kW
MCB 25A/1P L1-N2 WDZ-YJRY-3×4 PDUb 2.5kW
MCB 10A/1P L1-N3 WDZ-BYJ-3×2.5 内部照明 0.02kW
MCB 10A/1P L1-N4 WDZ-BYJ-3×2.5 内部弱电 0.01kW
C级浪涌保护单元

配电系统图

说明：
配电系统图示例按最大容量 6.5kW 设计。

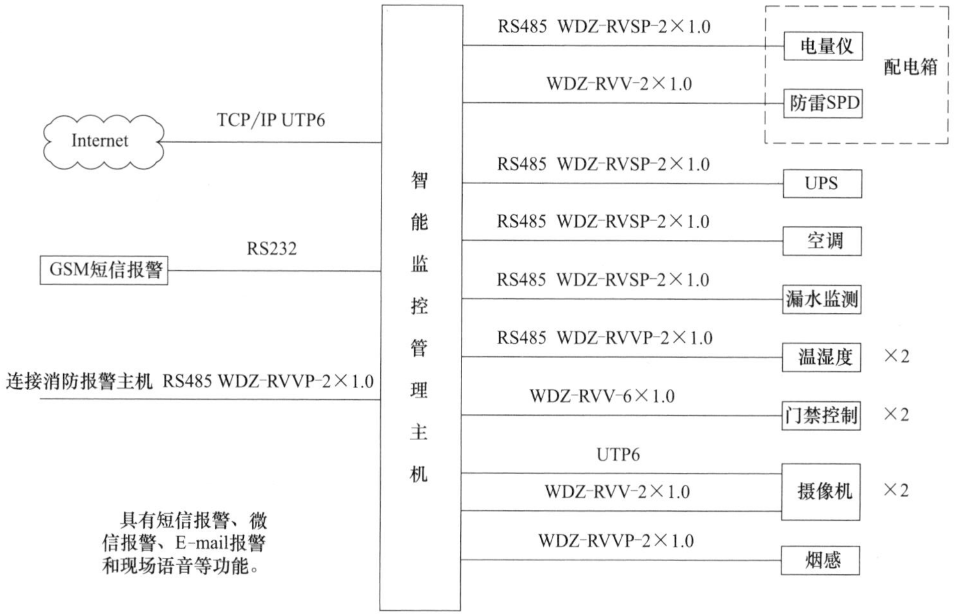

Internet
TCP/IP UTP6
GSM短信报警
RS232
连接消防报警主机 RS485 WDZ-RVVP-2×1.0
具有短信报警、微信报警、E-mail报警和现场语音等功能。
智能监控管理主机
RS485 WDZ-RVSP-2×1.0 电量仪
WDZ-RVV-2×1.0 防雷SPD
配电箱
RS485 WDZ-RVSP-2×1.0 UPS
RS485 WDZ-RVSP-2×1.0 空调
RS485 WDZ-RVSP-2×1.0 漏水监测
RS485 WDZ-RVVP-2×1.0 温湿度 ×2
WDZ-RVV-6×1.0 门禁控制 ×2
UTP6
WDZ-RVV-2×1.0 摄像机 ×2
WDZ-RVVP-2×1.0 烟感

智能监控管理系统图

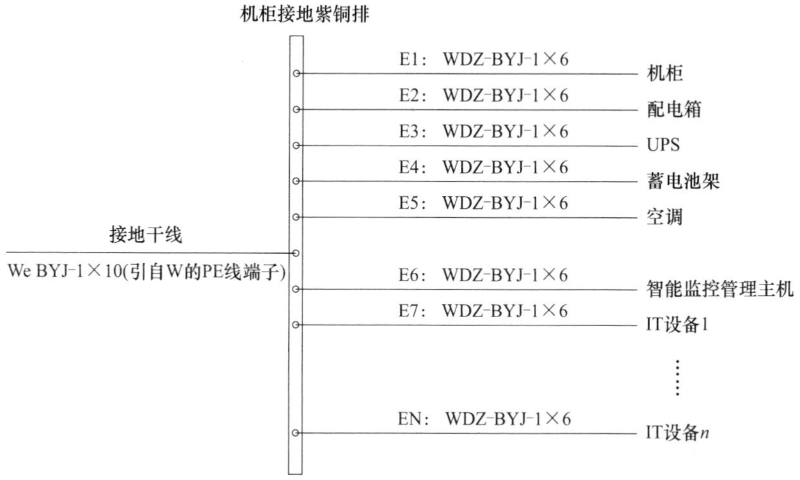

机柜接地紫铜排
接地干线
We BYJ-1×10(引自W的PE线端子)
E1：WDZ-BYJ-1×6 机柜
E2：WDZ-BYJ-1×6 配电箱
E3：WDZ-BYJ-1×6 UPS
E4：WDZ-BYJ-1×6 蓄电池架
E5：WDZ-BYJ-1×6 空调
E6：WDZ-BYJ-1×6 智能监控管理主机
E7：WDZ-BYJ-1×6 IT设备1
EN：WDZ-BYJ-1×6 IT设备n

接地系统图

HDDC-Y1-2 单柜机房系统图	图号
浩德科技股份有限公司	MMDC1-6

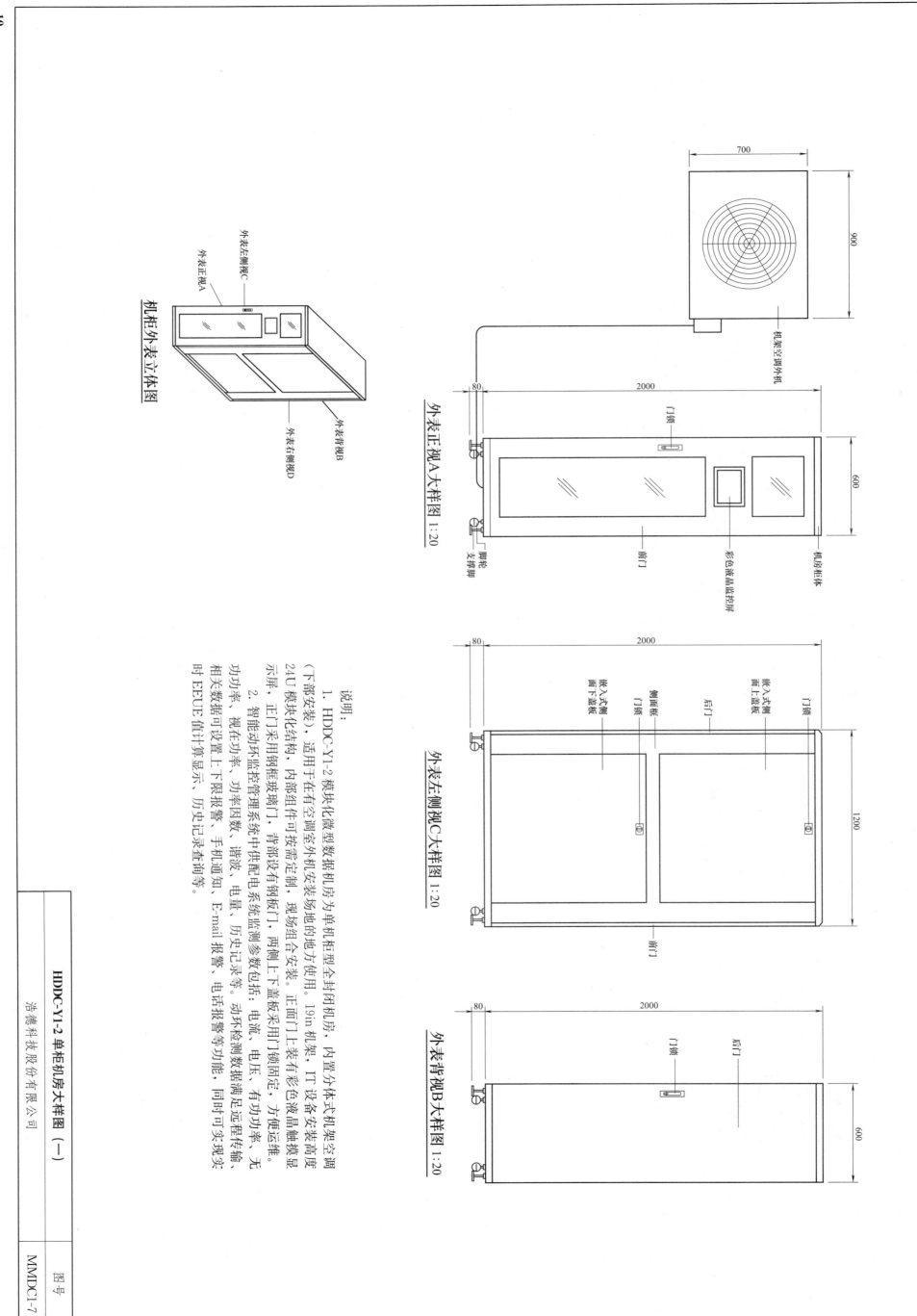

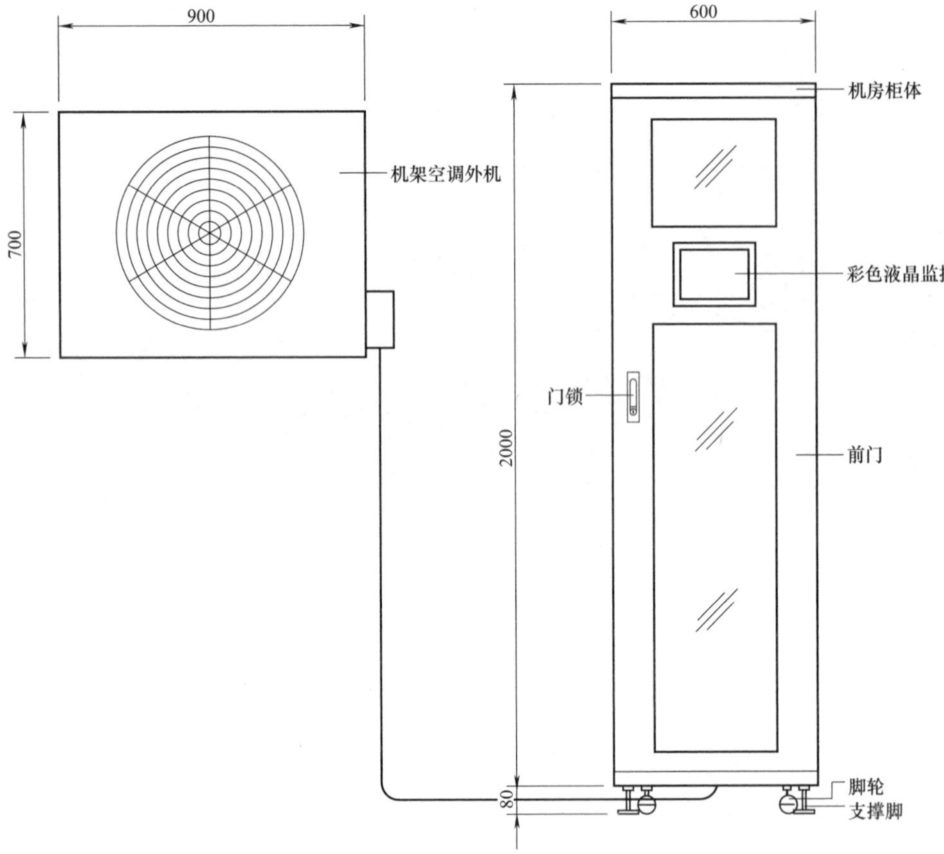
900
700
机架空调外机
600
机房柜体
彩色液晶监控屏
门锁
前门
2000
80
脚轮
支撑脚

外表正视A大样图 1:20

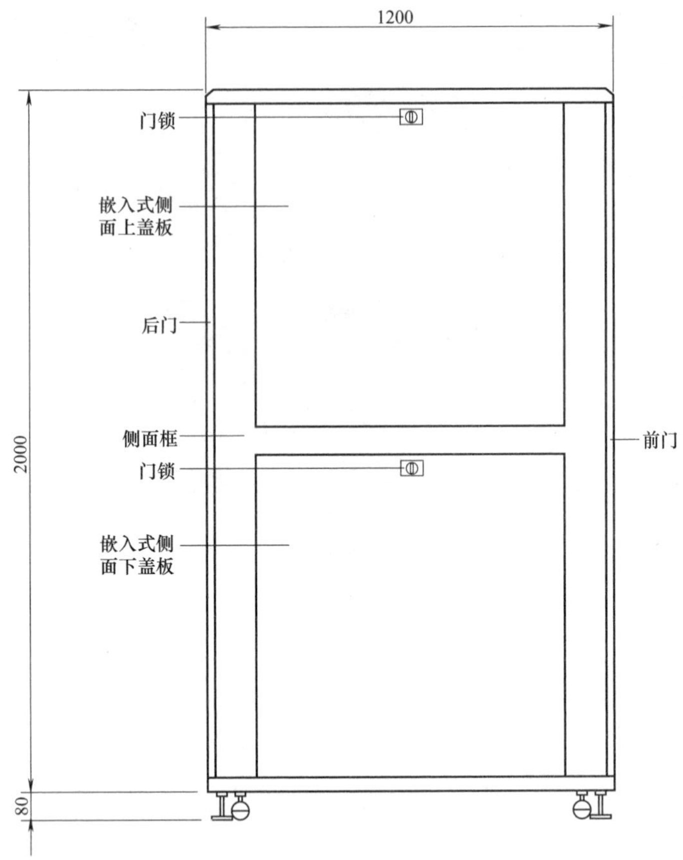
1200
门锁
嵌入式侧面上盖板
后门
侧面框
门锁
嵌入式侧面下盖板
前门
2000
80

外表左侧视C大样图 1:20

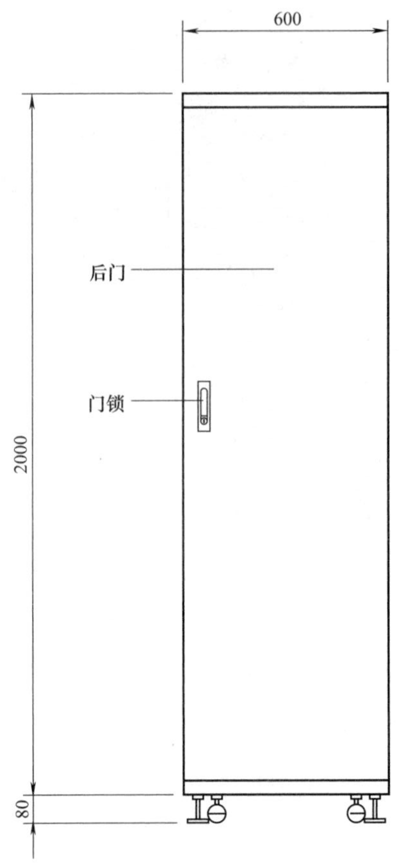
600
后门
门锁
2000
80

外表背视B大样图 1:20

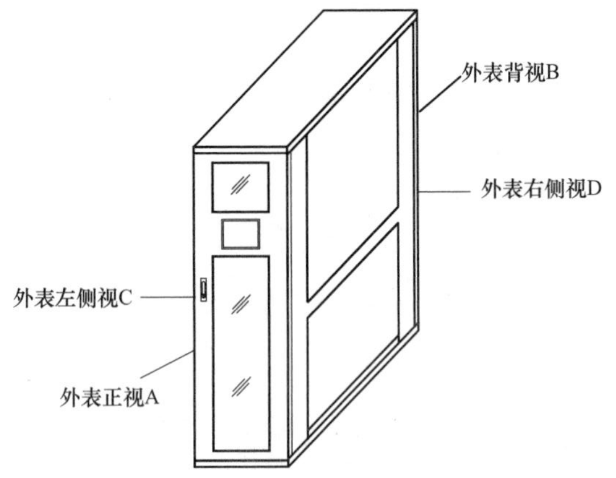
外表背视B
外表右侧视D
外表左侧视C
外表正视A

机柜外表立体图

说明：

1. HDDC-Y1-2 模块化微型数据机房为单机柜型全封闭机房，内置分体式机架空调（下部安装），适用于在有空调室外机安装场地的地方使用。19in 机架，IT 设备安装高度 24U 模块化结构，内部组件可按需定制，现场组合安装。正面门上装有彩色液晶触摸显示屏，正门采用钢框玻璃门，背部设有钢板门，两侧上下盖板采用门锁固定，方便运维。

2. 智能动环监控管理系统中供配电系统监测参数包括：电流、电压、有功功率、无功功率、视在功率、功率因数、谐波、电量、历史记录等。动环检测数据满足远程传输、相关数据可设置上下限报警、手机通知、E-mail 报警、电话报警等功能，同时可实现实时 EEUE 值计算显示、历史记录查询等。

HDDC-Y1-2 单柜机房大样图（一）	图号
浩德科技股份有限公司	MMDC1-7

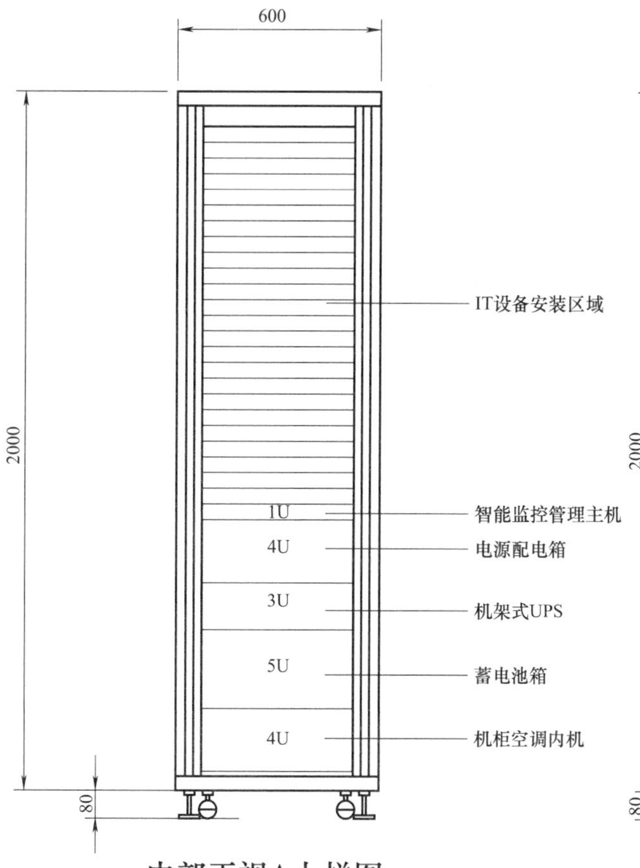

内部正视A大样图1:20

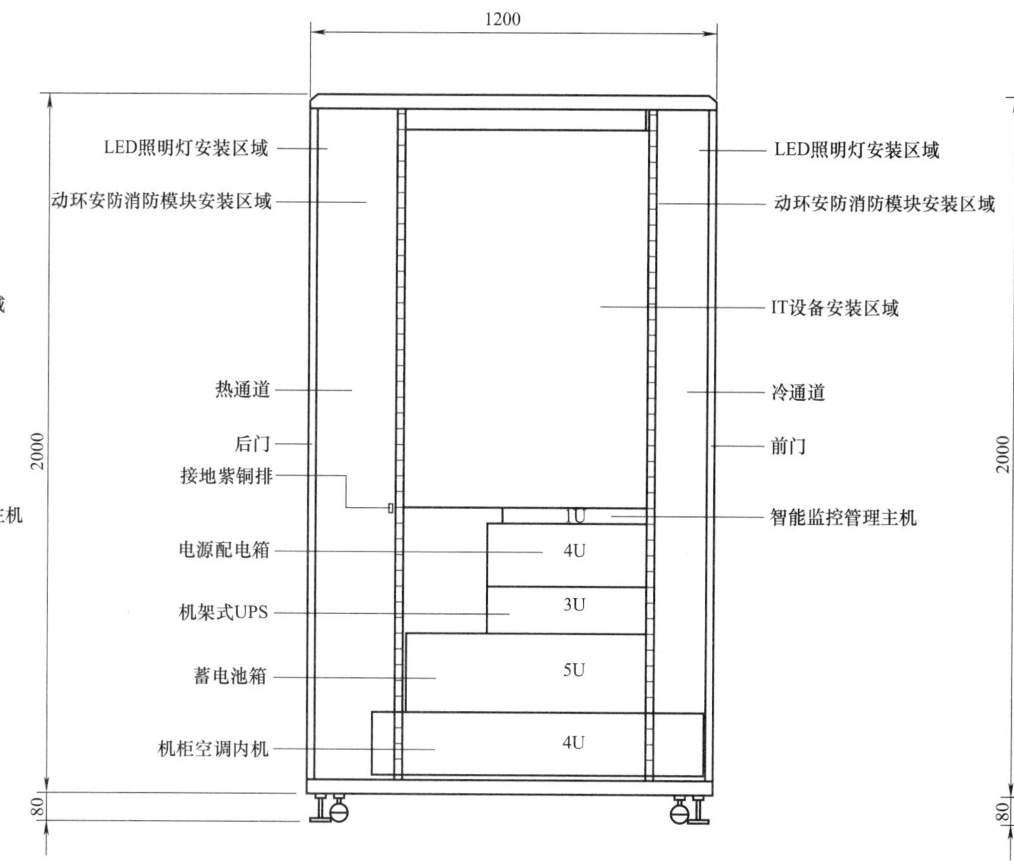

内部左侧视C大样图1:20

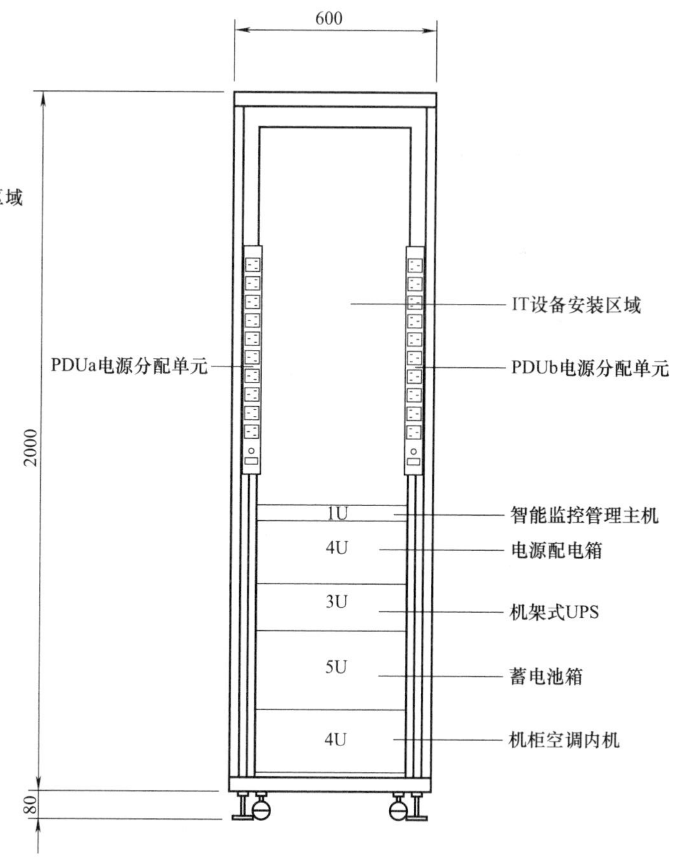

内部背视B大样图1:20

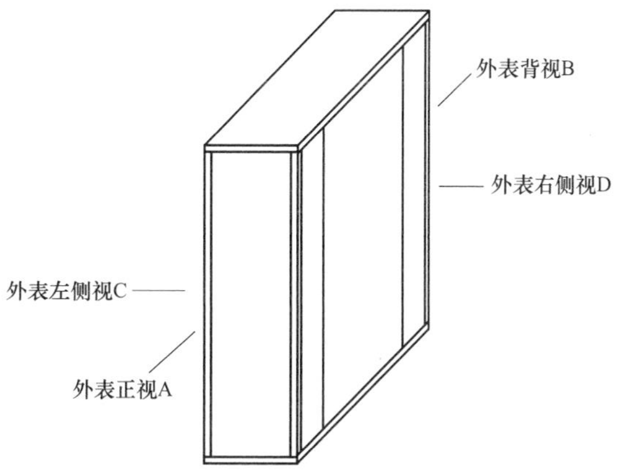

机柜内部立体图

机房内部主要设备材料表

序号	设备名称	单位	数量	规格参数	序号	设备名称	单位	数量	规格参数
1	机柜	台	1	19in机架，设备安装高度42U，正面前门为钢框玻璃门，背面门为钢板门，全封闭，尺寸：600(*W*)×1200(*D*)×2000(*H*)	9	智能监控管理主机	台	1	机架式，含软件，TCP/IP远程传输，具有手机通知和报警
2	电源配电箱PDF	台	1	内含SPD保护和智能电量仪，采用施耐德(或ABB)品牌断路器	10	温湿度模块	个	2	温度：-30～70℃ 湿度：0～100%rh，485输出
3	机架式UPS	台	1	AC220V/5kVA/单进单出	11	门禁锁	套	4	开启方式：密码开启，刷卡开启，遥控开启，485输出
4	铅酸免维护蓄电池	套	1	后备15min，含电池箱架和断路器(可增扩电池箱或柜延长后备时间)	12	空调漏水报警	套	1	DC9～30V，工作环境：-20～50℃，5～95%RH，485输出
5	PDU	只	2	AC220V/25A/3极/10A插口×10	13	摄像机	个	2	焦距2.8mm，清晰度1080P，电压DC24V
6	LED照明灯	盏	2	AC220V/8W/T5	14	烟感	只	1	光电感应式，DC24V
7	机柜接地紫铜排	条	1	30×4×540	15	气体灭火器	个	1	机架式低压七氟丙烷灭火器，干粉气溶胶灭火器(选配)
8	机柜空调	台	1	分体式风冷空调，制冷量：5.5kW					

HDDC-Y1-2 单柜机房大样图（二）	图号
浩德科技股份有限公司	MMDC1-8

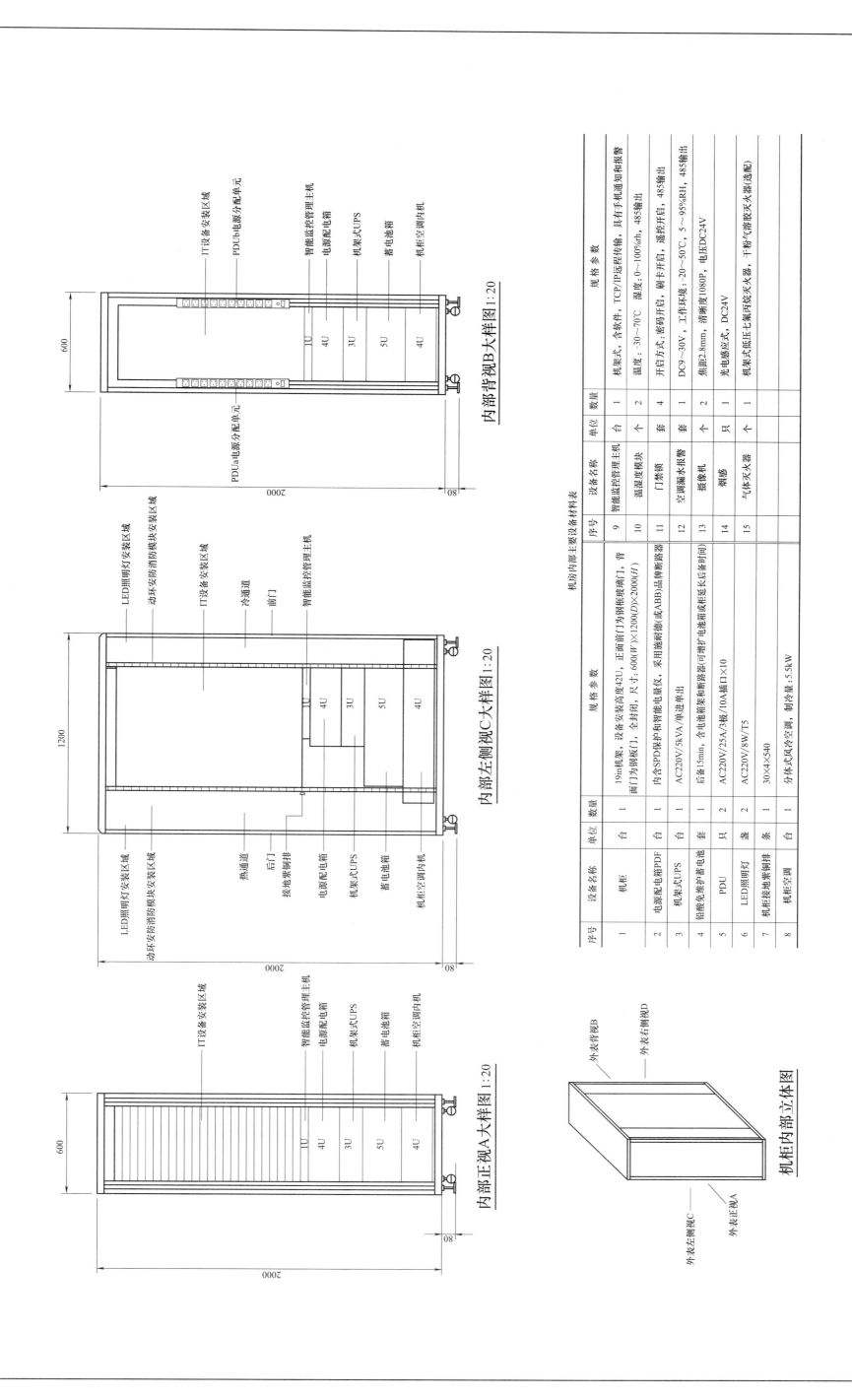

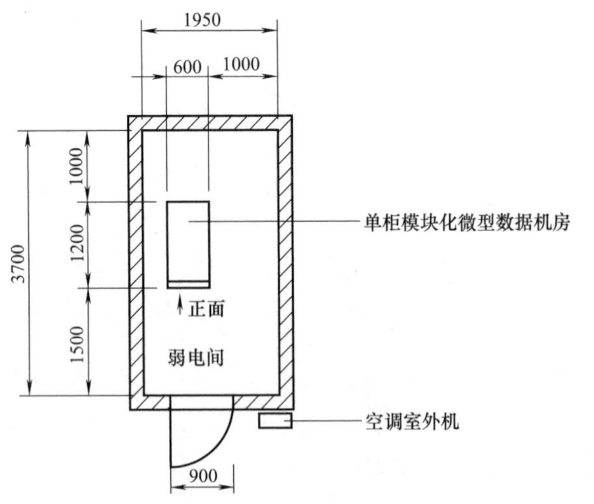
1950
600
1000
3700
1000
1200
1500
单柜模块化微型数据机房
正面
弱电间
空调室外机
900

场地设备布置平面图1:100

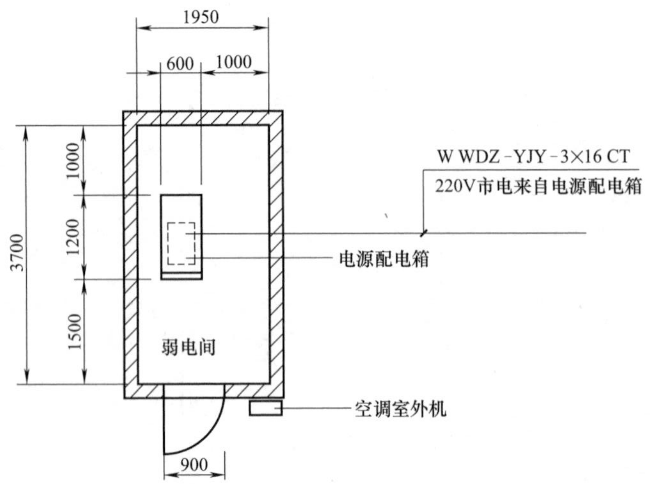
1950
600
1000
3700
1000
1200
1500
W WDZ-YJY-3×16 CT
220V市电来自电源配电箱
电源配电箱
弱电间
空调室外机
900

场地机柜配电平面图1:100

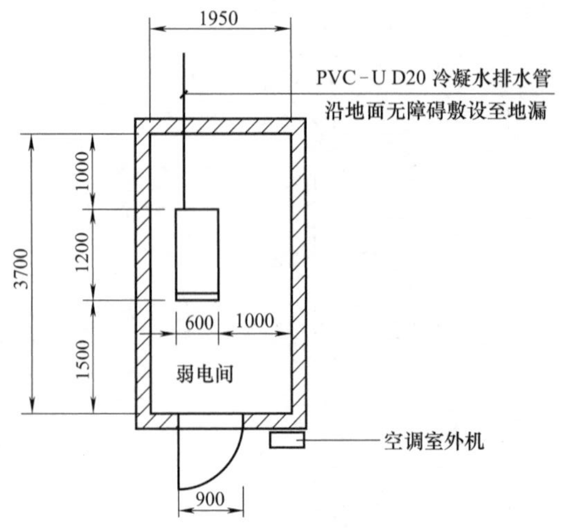
1950
PVC-U D20 冷凝水排水管
沿地面无障碍敷设至地漏
3700
1000
1200
1500
600
1000
弱电间
空调室外机
900

场地空调排水管平面图1:100

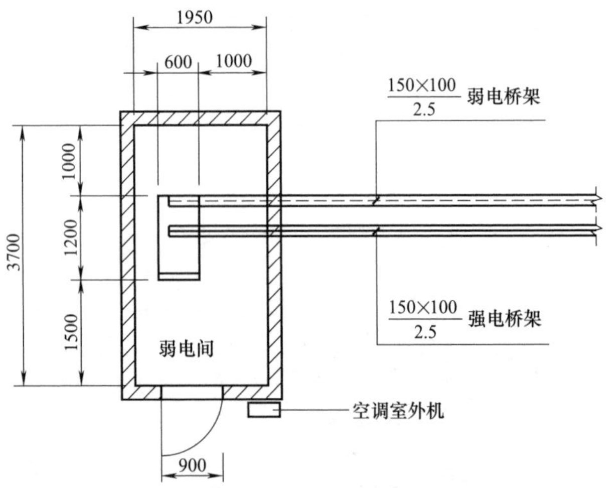
1950
600
1000
150×100
2.5
弱电桥架
3700
1000
1200
1500
150×100
2.5
强电桥架
弱电间
空调室外机
900

场地桥架平面图1:100

安装说明：

1. HDDC-Y1-2 模块化微型数据机房的安装场地应在室内，地面可以是建筑地面，也可以是防静电地板地面，场地应平整干净，设有照明，机柜的前后应留有符合要求的运维空间。

2. 设备总重量约为 550kg，设备安装场地楼板荷载值应不小于 $8kN/m^2$，如达不到可设计散力架安装。

3. 采用 220V 单相三线制电源，进线电缆上游断路器应不小于 50A，PE 线应可靠接地；电源电缆和数据铜缆进入机柜的入口应分别做好密封处理。

4. 机架空调的冷凝水排水管应沿地面无障碍敷设至地漏，冷凝水排水管与机柜排水口处应做好密封处理。

5. 强电桥架和弱电桥架应安装牢固，并做好接地处理。

6. 安装环境应有防盗安全设施，宜装有监控摄像机、门禁等安全设施。

HDDC-Y1-2 单柜机房平面及安装图	图号
浩德科技股份有限公司	MMDC1-9

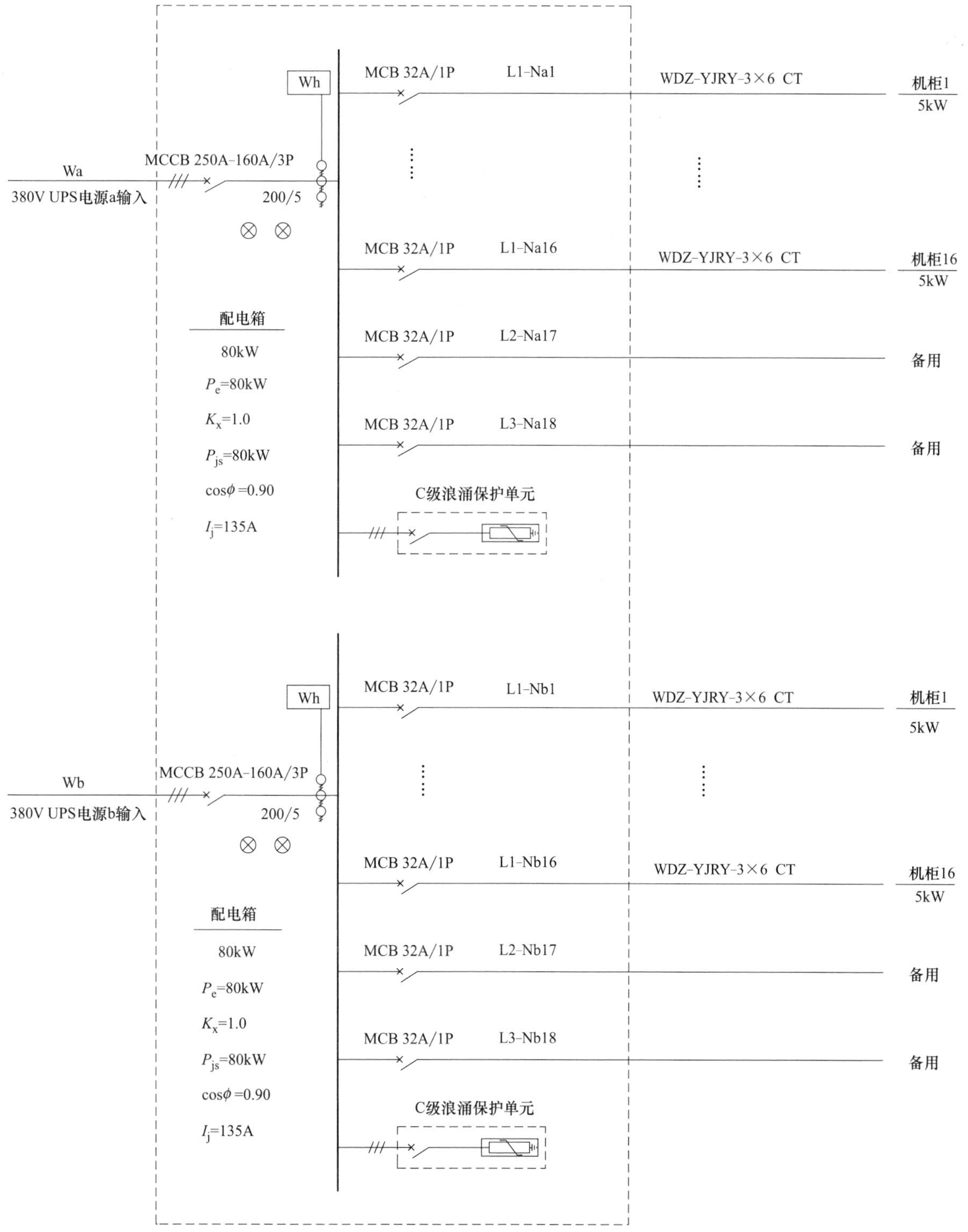
Wa
380V UPS电源a输入
MCCB 250A-160A/3P
200/5
Wh
MCB 32A/1P
L1-Na1
WDZ-YJRY-3×6 CT
机柜1
5kW
MCB 32A/1P
L1-Na16
WDZ-YJRY-3×6 CT
机柜16
5kW
MCB 32A/1P
L2-Na17
备用
MCB 32A/1P
L3-Na18
备用
C级浪涌保护单元
配电箱
80kW
P_e=80kW
K_x=1.0
P_{js}=80kW
cosϕ=0.90
I_j=135A
Wb
380V UPS电源b输入
MCCB 250A-160A/3P
200/5
Wh
MCB 32A/1P
L1-Nb1
WDZ-YJRY-3×6 CT
机柜1
5kW
MCB 32A/1P
L1-Nb16
WDZ-YJRY-3×6 CT
机柜16
5kW
MCB 32A/1P
L2-Nb17
备用
MCB 32A/1P
L3-Nb18
备用
C级浪涌保护单元
配电箱
80kW
P_e=80kW
K_x=1.0
P_{js}=80kW
cosϕ=0.90
I_j=135A

IT配电系统图

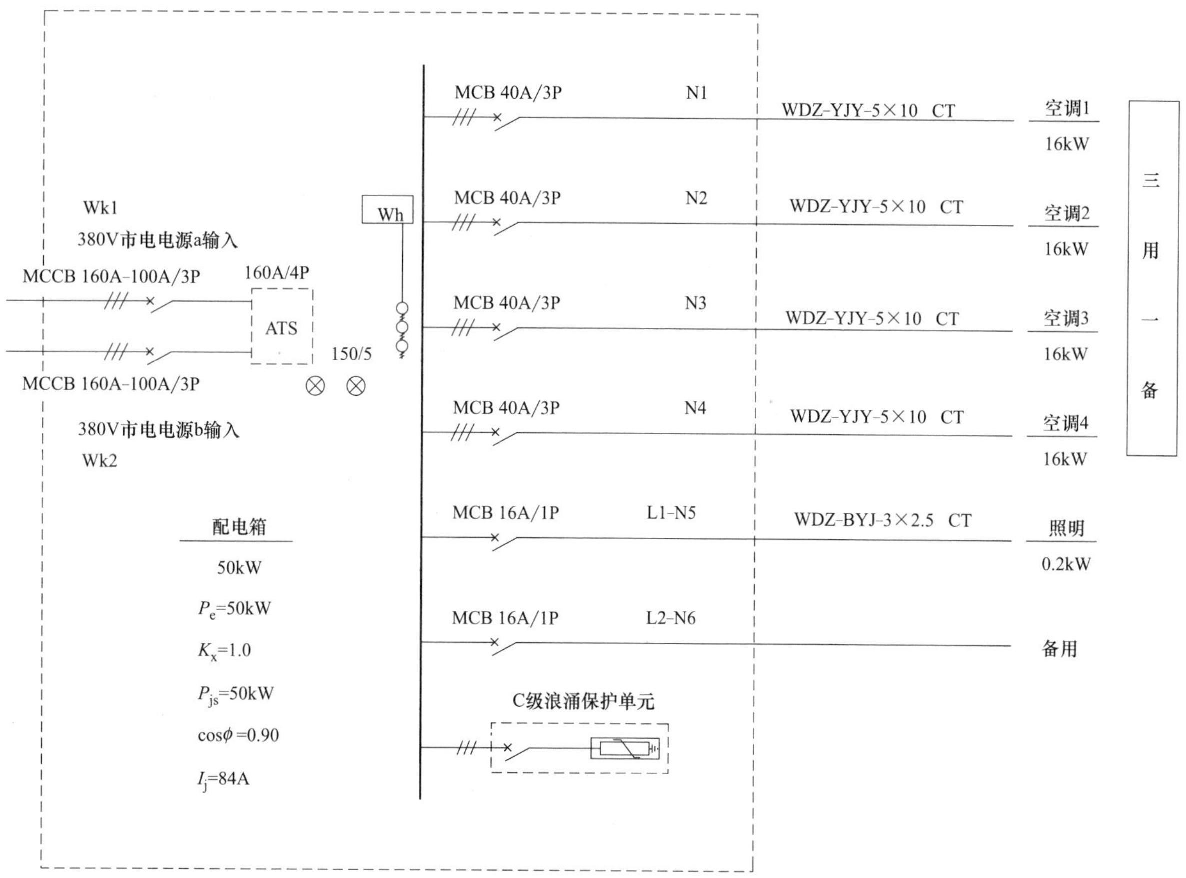
Wk1
380V市电电源a输入
MCCB 160A-100A/3P
160A/4P
ATS
150/5
MCCB 160A-100A/3P
380V市电电源b输入
Wk2
Wh
MCB 40A/3P
N1
WDZ-YJY-5×10 CT
空调1
16kW
MCB 40A/3P
N2
WDZ-YJY-5×10 CT
空调2
16kW
MCB 40A/3P
N3
WDZ-YJY-5×10 CT
空调3
16kW
MCB 40A/3P
N4
WDZ-YJY-5×10 CT
空调4
16kW
MCB 16A/1P
L1-N5
WDZ-BYJ-3×2.5 CT
照明
0.2kW
MCB 16A/1P
L2-N6
备用
C级浪涌保护单元
三用一备
配电箱
50kW
P_e=50kW
K_x=1.0
P_{js}=50kW
cosϕ=0.90
I_j=84A

空调配电系统图

说明：

1. IT电源配电柜为双电源a/b系统配电柜，采用双UPS电源进线，a/b配电系统分别向每一台机柜提供一路UPS电源，双系统1+1冗余供电。

2. 双电源空调配电柜采用双市电进线，ATS自动切换，向列间空调供电。

HDDC-M2 双列柜机房系统图（一）	图号
浩德科技股份有限公司	MMDC1-10

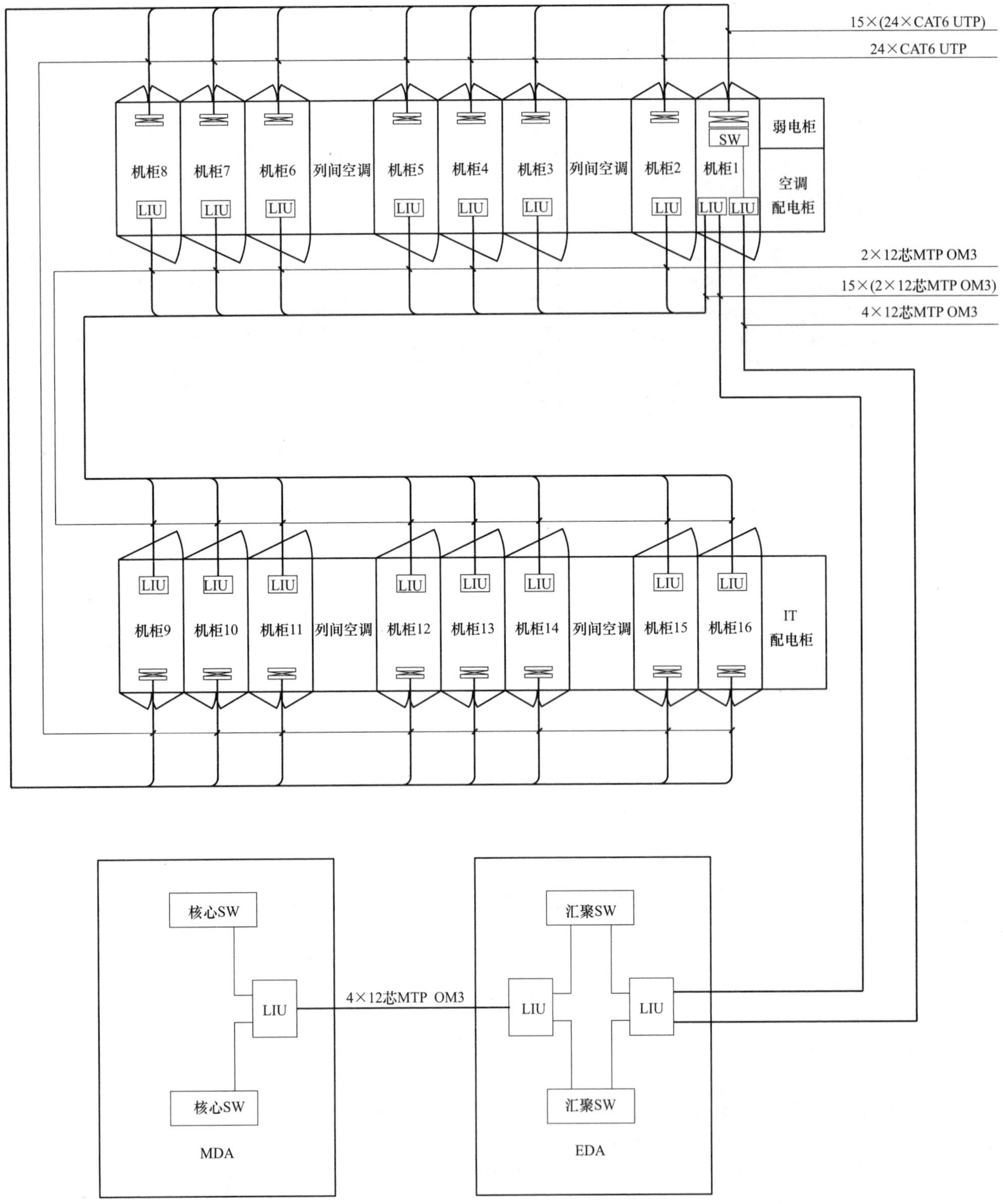

综合布线系统图

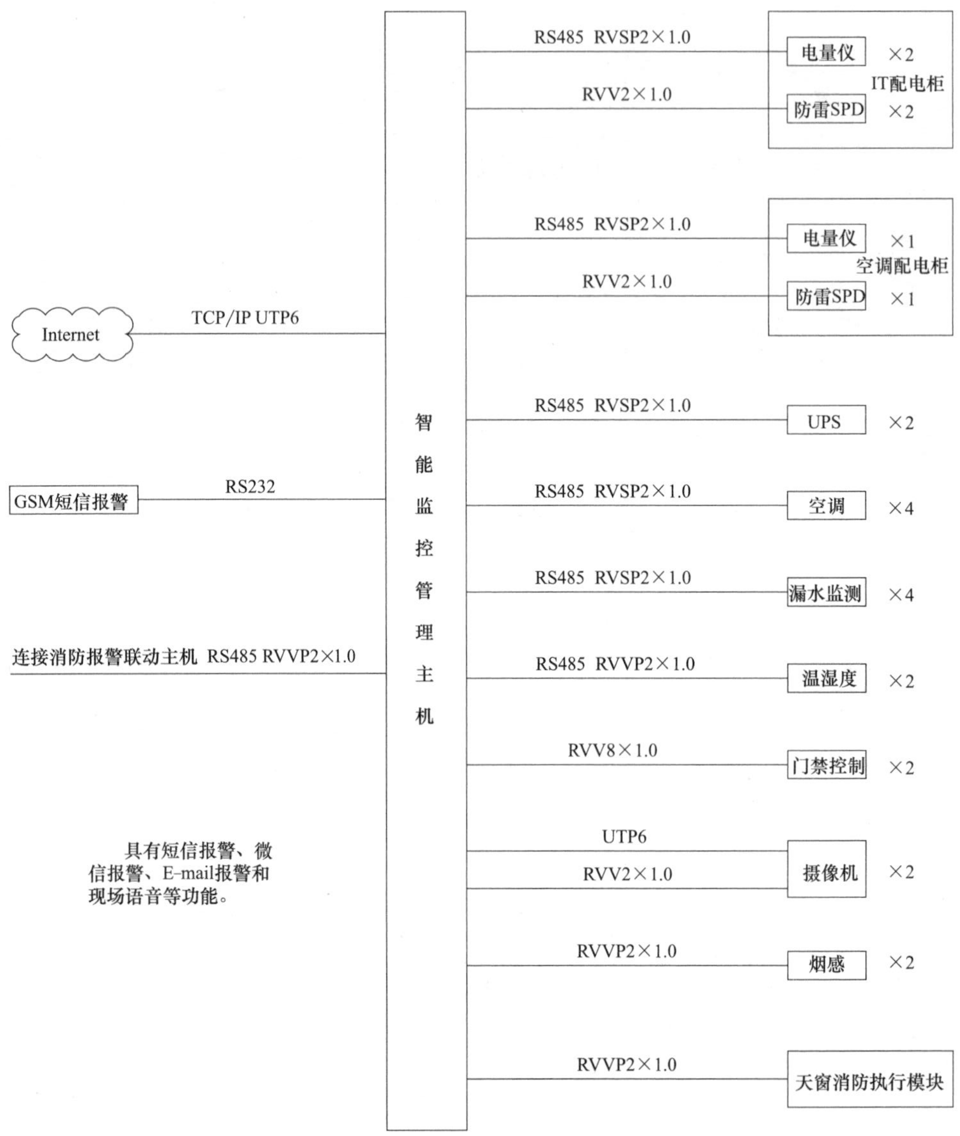

智能监控管理系统图

HDDC-M2 双列柜机房系统图（二）	图号
浩德科技股份有限公司	MMDC1-11

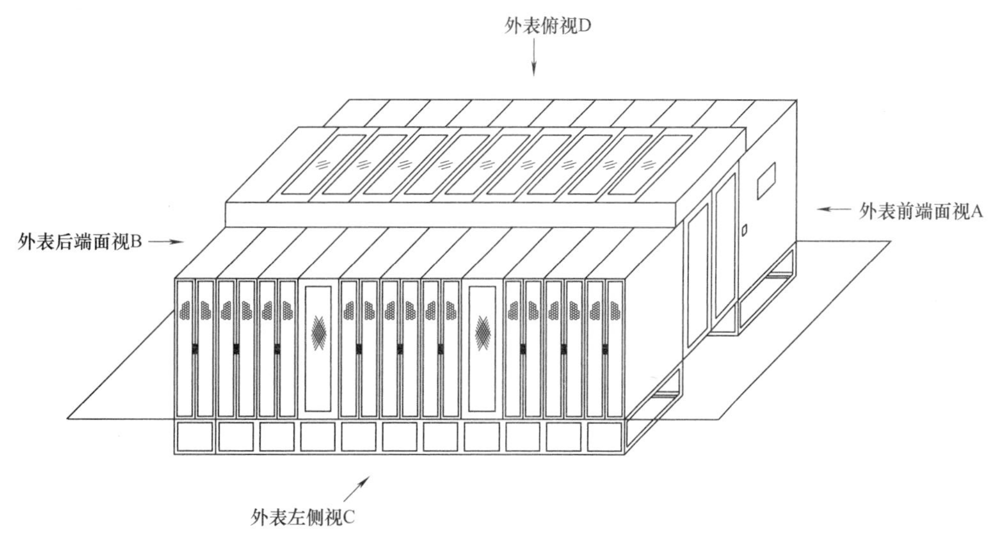

设备外表立体示意图

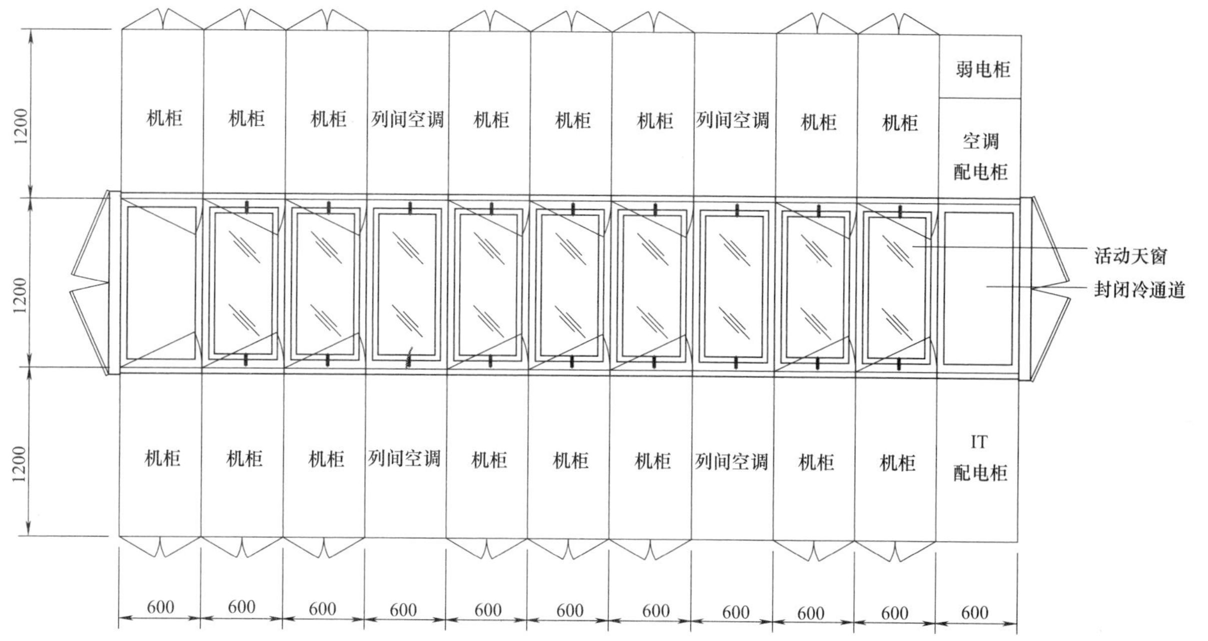

外表俯视D大样图 1:50

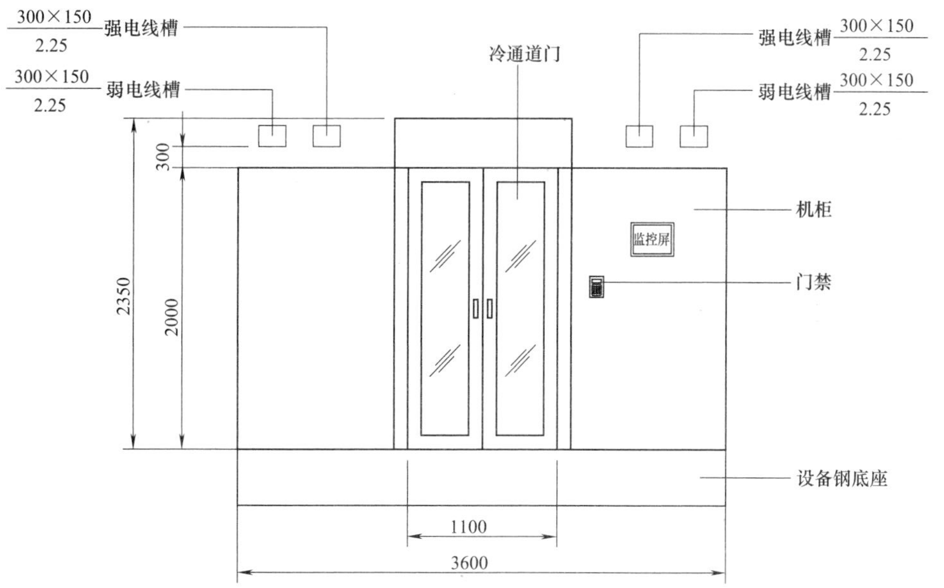

外表前端面视A大样图 1:50

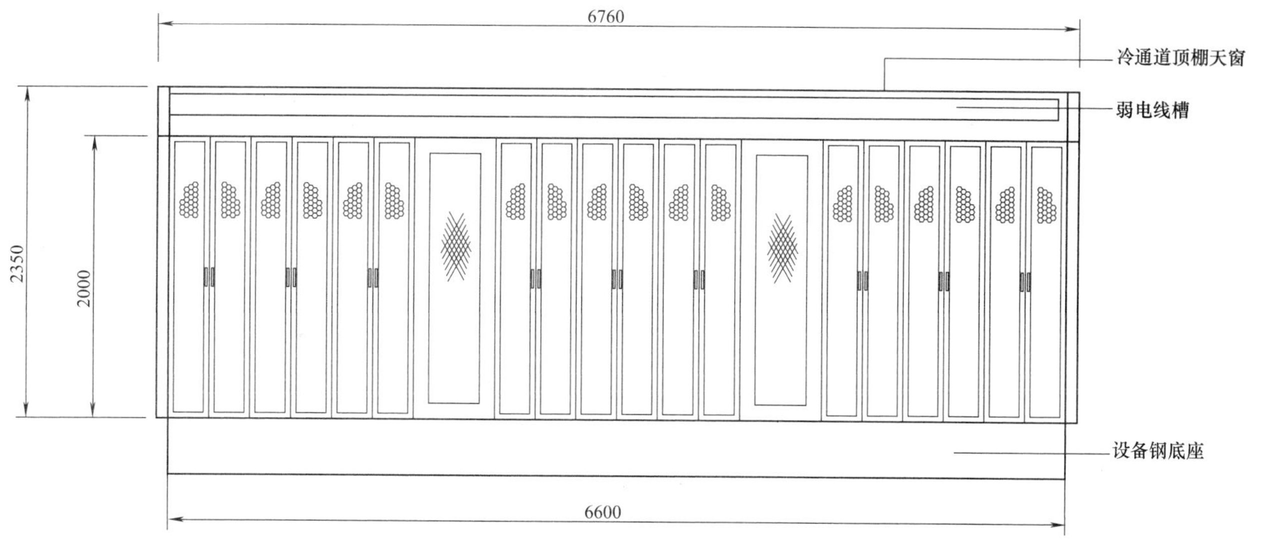

外表左侧视C大样图 1:50

说明：

1. HDDC-M2 模块化微型数据机房为双列多机柜型封闭冷通道机房，内置：列间空调（3+1 冗余）、IT 配电柜、空调配电柜和弱电柜，冷通道内设置 LED 照明灯，设有动环和消防探测模块，冷通道顶面设置能够与消防联动自动打开满足气体灭火要求的活动玻璃窗，冷通道两端设有通道门，地面为防静电活动地板。IT 机柜尺寸为：600（W）×1200（D）×2000（H），19in 机架，IT 设备安装高度 42U。机房内部基础设施组件可按需定制，机柜底部设置型钢支架满足防震抗震要求。正端面上装有彩色液晶触摸显示屏。机房模块化结构，可按需定制，现场组合安装。

2. 动环检测数据采用 TCP/IP 远程传输，具有手机通知、邮件报警等功能。

3. 安装场地楼板荷载值不小于 8kN/m^2，应满足《数据中心设计规范》GB 50174—2017 规定的主机房地面承载要求。

HDDC-M2 双列柜机房大样图（一）	图号
浩德科技股份有限公司	MMDC1-12

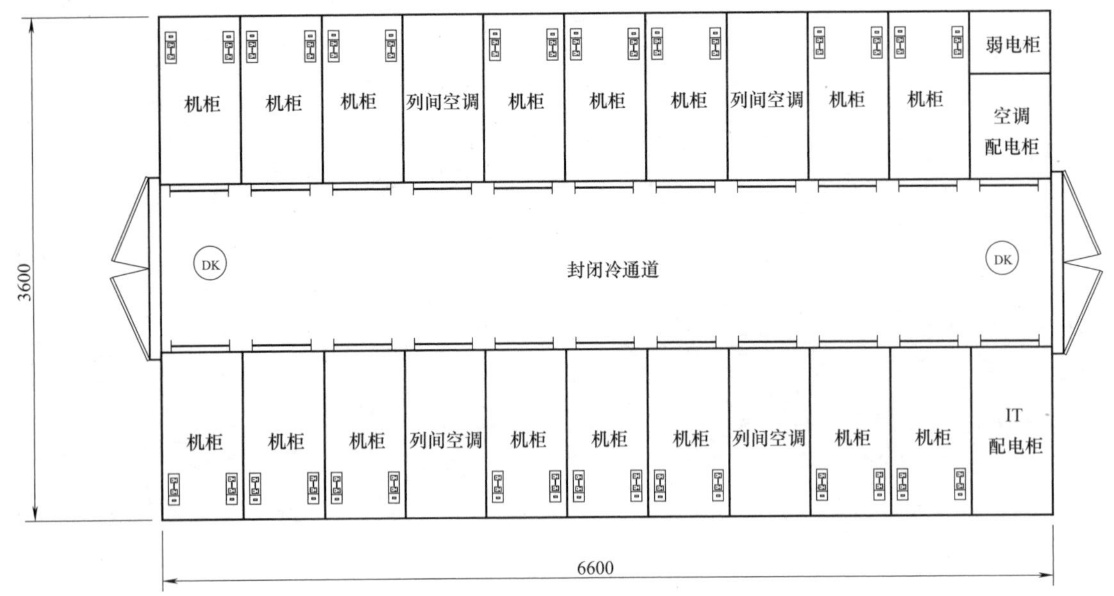

设备照明和PDU平面布置样图 1:50

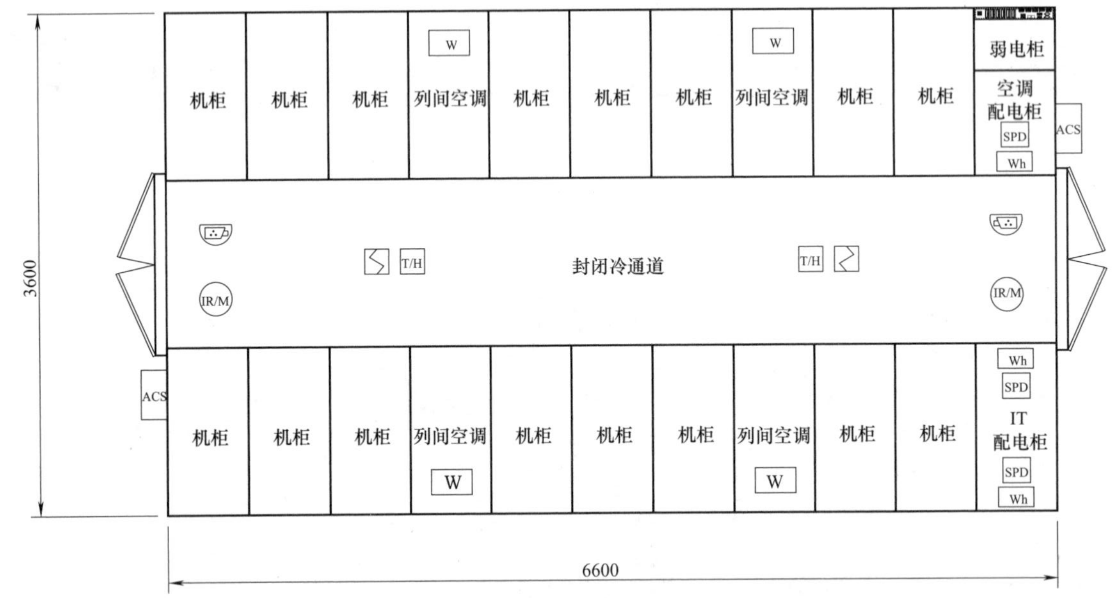

设备弱电平面布置样图 1:50

机房内部主要设备材料表

序号	设备名称	单位	数量	规格参数
1	机柜	台	16	19in(1in≈2.54cm)机架，设备安装高度42U，前门、后门为通风钢板网孔门，尺寸：600(*W*)×1200(*D*)×2000(*H*)
2	封闭冷通道	套	1	内含冷通道门2个、消防联动天窗9扇和天窗消防执行模块9个
3	IT电源配电柜	台	1	双电源配电系统/80kW，内含SPD保护和智能电量仪，尺寸：600(*W*)×1200(*D*)×2000(*H*)
4	空调电源配电柜	台	1	双电源ATS系统/50kW，内含SPD保护和智能电量仪，尺寸：600(*W*)×1200(*D*)×2000(*H*)
5	强电桥架	m	16	300×150钢板槽盒结构
6	弱电桥架	m	16	300×150钢板槽盒结构
7	PDU	只	32	AC220V/32A/3极/10A插口×16
8	列间空调	台	4	列间风冷空调，制冷量：30kW，尺寸：600(*W*)×1200(*D*)×2000(*H*)
9	弱电柜	台	1	与空调电源配电柜共柜物理隔离
10	机柜接地紫铜排	根	16	30×4×540(每个机柜一根)
11	LED照明灯	盏	22	AC220V/6W/T5(每柜前一盏)
12	照明控制模块	只	2	红外控制
13	智能监控管理主机	台	1	具有动环安防智能监管功能，含软件，TCP/IP远程传输，具有通知和报警
14	温湿度模块	个	2	温度：-30～70℃ 湿度：0～100%rh，485输出
15	门禁控制器	套	2	开启方式：密码开启，刷卡开启，遥控开启，485输出
16	空调漏水报警	套	4	电压：DC9～30V，工作环境：-20～50℃，5～95%RH，485输出
17	摄像机	个	2	焦距2.8mm，清晰度1080P，电压DC24V
18	双鉴探测器	个	2	红外/微波
19	烟感	个	2	光电感应式，DC24V
20	防雷浪涌保护器	个	3	20kA/4P
21	智能电量仪	个	3	检测线路电流、电压、功率、功率因数、谐波、电量等参数
22	强电线缆	m		WDZ-YJY-5×10、WDZ-YJRY-3×6、WDZ-BYJ-3×2.5、WDZ-BYJ-1×6
23	弱电线缆	m		WDZ-RVV-2×1.0、WDZ-RVVP-2×1.0、WDZ-RVSP-2×1.0
24	弱电线缆	m		WDZ-RVV-8×1.0、CAT6 UTP
25	光缆	m		12芯MTP OM3

HDDC-M2 双列柜机房大样图（二）	图号
浩德科技股份有限公司	MMDC1-13

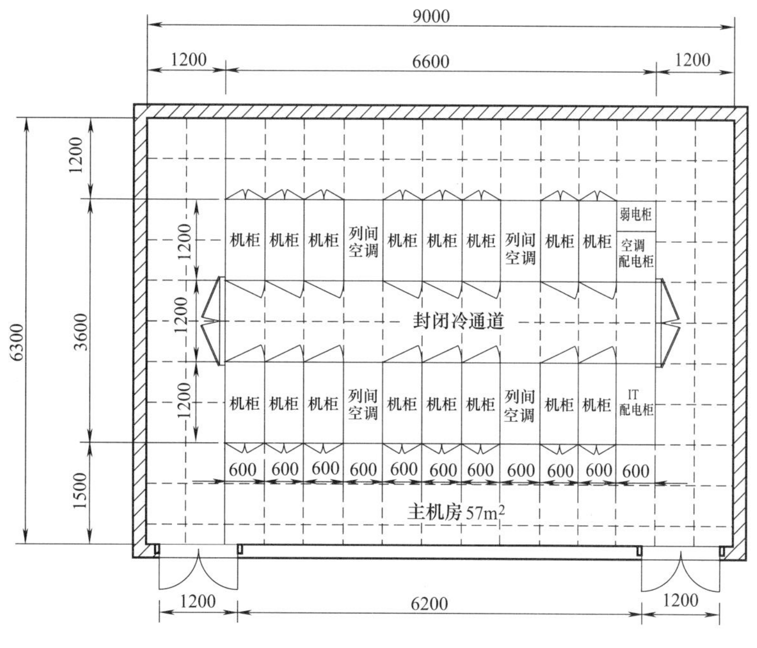

9000
1200
6600
1200
6300
3600
1500
机柜
列间空调
弱电柜
空调配电柜
封闭冷通道
IT配电柜
600
主机房 57m²
6200

设备平面布置图 1:100

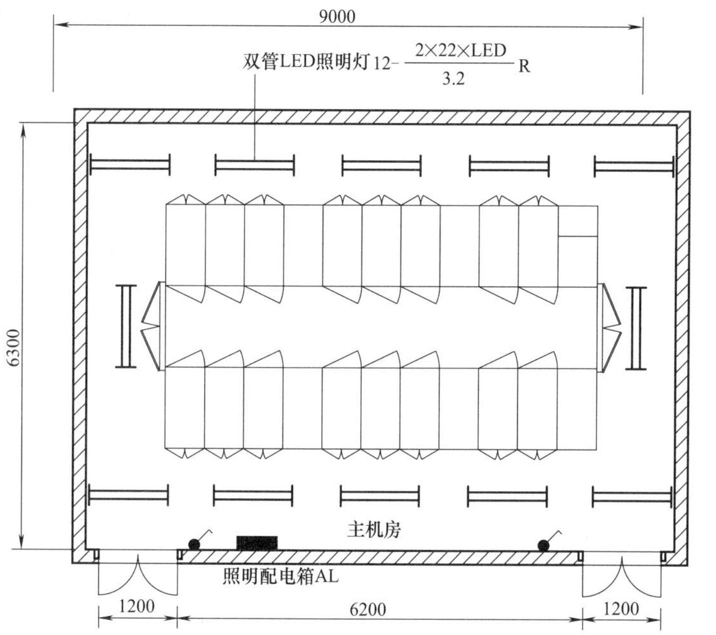

9000
双管LED照明灯 12- $\frac{2\times22\times LED}{3.2}$ R
6300
主机房
照明配电箱AL
1200
6200
1200

照明平面布置图 1:100

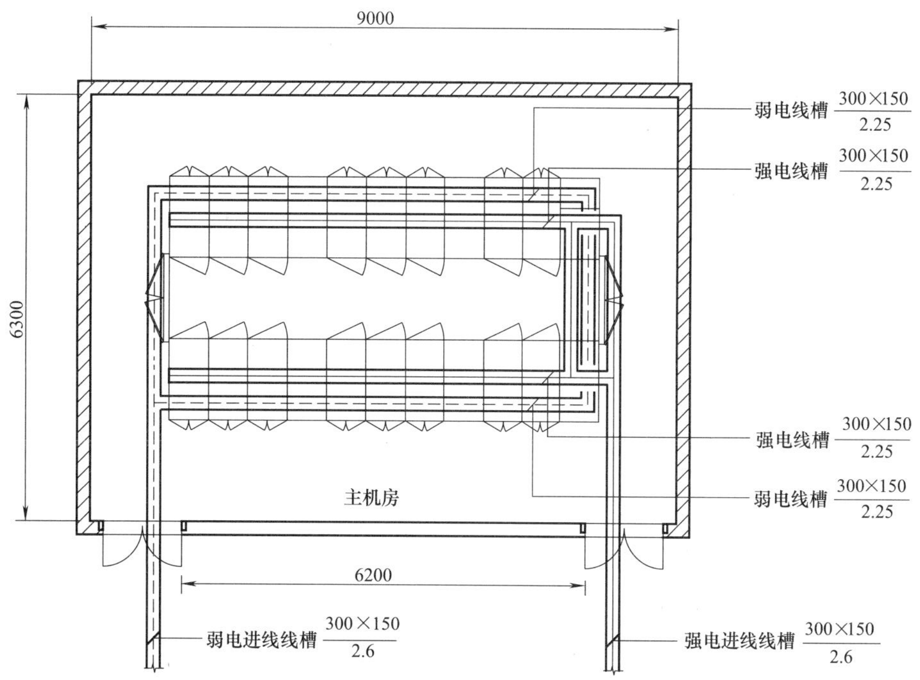

9000
6300
弱电线槽 $\frac{300\times150}{2.25}$
强电线槽 $\frac{300\times150}{2.25}$
强电线槽 $\frac{300\times150}{2.25}$
弱电线槽 $\frac{300\times150}{2.25}$
主机房
6200
弱电进线线槽 $\frac{300\times150}{2.6}$
强电进线线槽 $\frac{300\times150}{2.6}$

桥架平面布置图 1:100

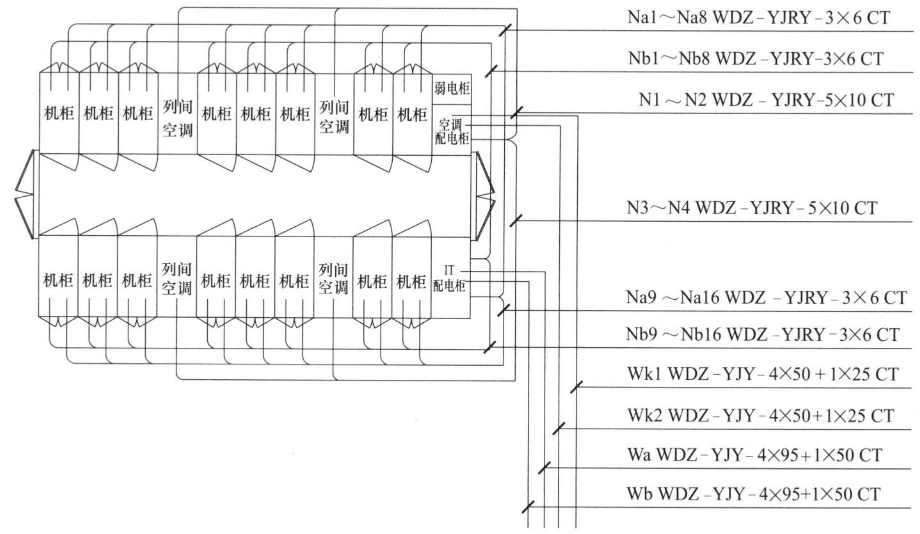

机柜
列间空调
弱电柜
空调配电柜
IT配电柜
Na1～Na8 WDZ-YJRY-3×6 CT
Nb1～Nb8 WDZ-YJRY-3×6 CT
N1～N2 WDZ-YJRY-5×10 CT
N3～N4 WDZ-YJRY-5×10 CT
Na9～Na16 WDZ-YJRY-3×6 CT
Nb9～Nb16 WDZ-YJRY-3×6 CT
Wk1 WDZ-YJY-4×50+1×25 CT
Wk2 WDZ-YJY-4×50+1×25 CT
Wa WDZ-YJY-4×95+1×50 CT
Wb WDZ-YJY-4×95+1×50 CT

配电平面示意图 1:100

安装说明：

1. HDDC-M2 模块化微型数据机房的主机房安装场地楼板荷载值不小于 8kN/m^2，主机房内铺设防静电活动地板，模块化微型数据机房下方设置防震机架（设备钢底座），防静电地板和钢底座应做好安全接地。环境接口应符合《模块化微型数据机房建设标准》T/CECA 20001—2019 要求。
2. 机柜列上方强电线槽在内（靠近冷通道），弱电线槽在外。
3. 电缆进入配电柜和机柜的进线口应做好封堵。

HDDC-M2 双列柜机房平面及安装图（一）	图号
浩德科技股份有限公司	MMDC1-14

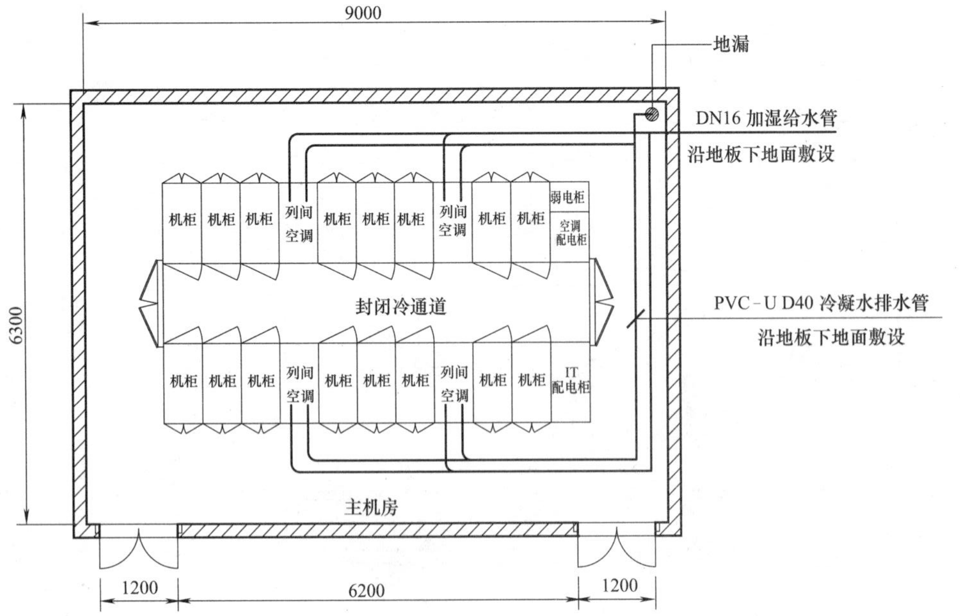

空调给水排水平面布置图 1:100

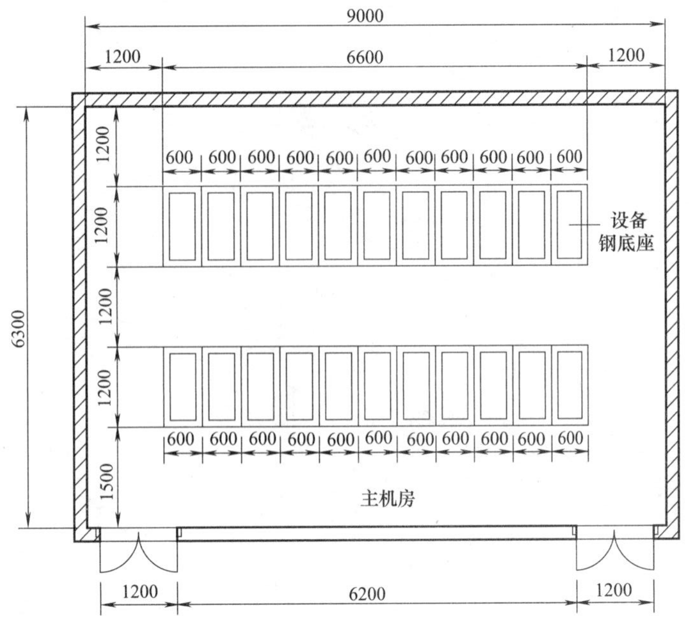

设备底座平面布置图 1:100

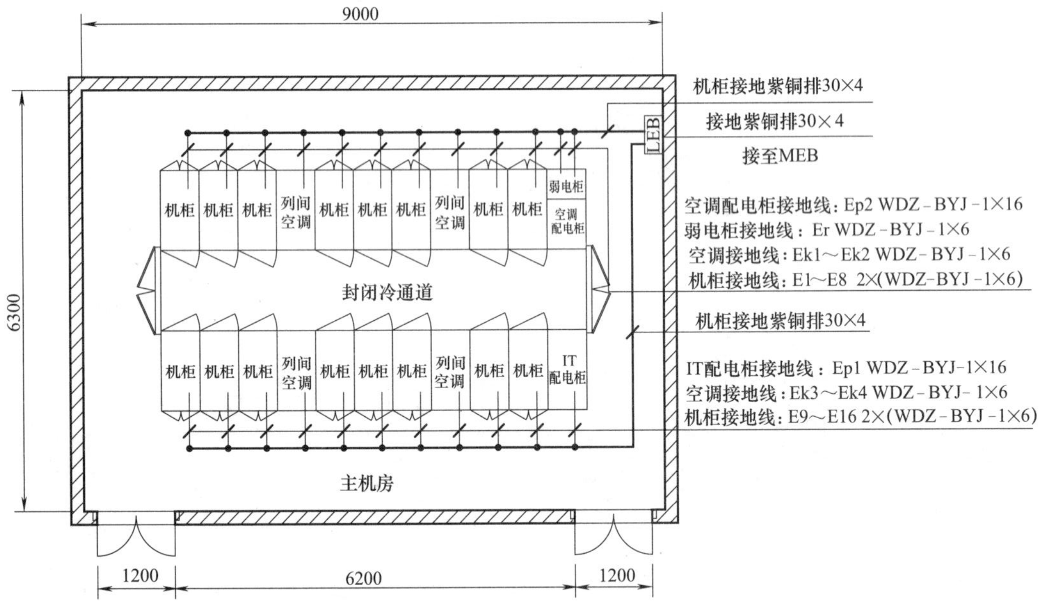

设备接地平面布置图 1:100

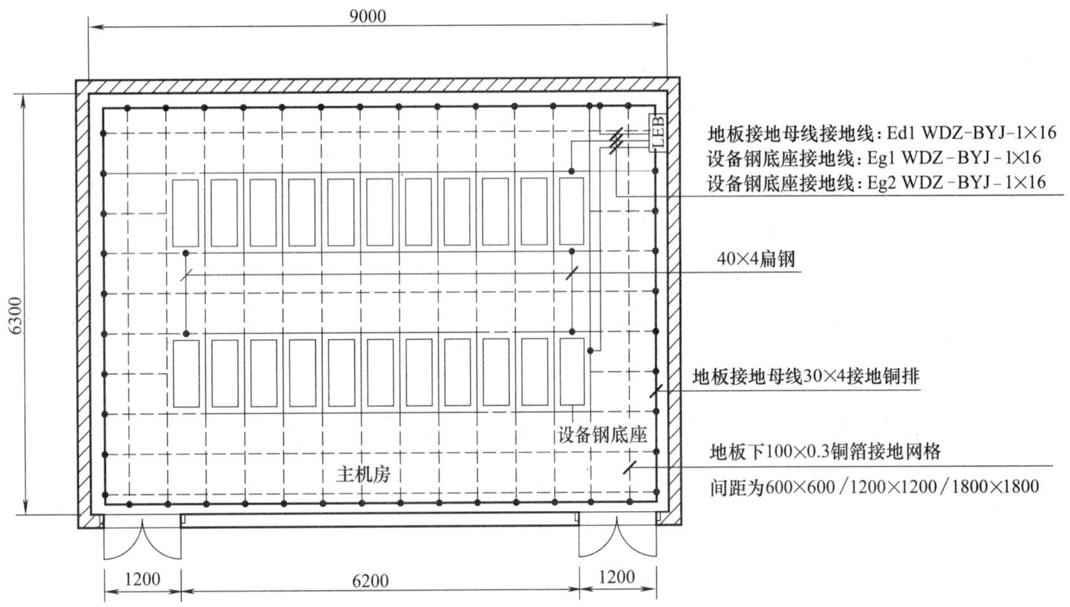

防静电地板和底座接地平面图 1:100

安装说明：

1. 空调加湿自来水水管在活动地板下敷设，进机房总管应设置总水阀门和过滤器，每台列间空调进水口处应设置分水阀门，以方便运维；水管接头处应做好密封处理，应按照要求进行管线试压合格方可使用。
2. 设备钢底座采用 8 号槽钢制作，钢底座底边与建筑地面采用膨胀螺丝固定牢固，顶面与机柜采用螺栓连接。钢底座与防静电地板等高。钢底座应做好防腐处理。
3. 在地板下设置等电位接地箱 LEB，LEB 靠墙安装；地板接地母线采用绝缘子支撑固定，每条铜箔的两端与地板接地母线焊接，每两条正交铜箔的交叉点间采用导电膏接触，活动地板支撑杆的底脚应压在铜箔的交叉点上并与铜箔保持良好的电气导电性接触。
4. 在机柜下方敷设两条与机柜列平行的机柜接地铜排，铜排与 LEB 连接接地；机柜、弱电柜、空调、配电柜等就近与机柜接地排连接。
5. 接地铜排全部采用紫铜排。

HDDC-M2 双列柜机房平面及安装图（二）	图号
浩德科技股份有限公司	MMDC1-15

系统概述

一、总体概述

华为技术有限公司对于模块化微型数据机房的建设，配置了微型模块、小型微模块、中型微模块三类解决方案，对于不同容量需求的微型数据机房均能够提供模块化建设方案，满足各种建设需求。各类解决方案中均配置本地管理核心部件 ECC800 Pro 数据机房控制器，设备采用 POE 总线方式扩展，对各种智能监控设备灵活布局，从而实现模块内的设备智能管理。

二、技术特点

微型微模块数据中心解决方案，将 UPS、配电、监控、电池集成在一个综合机柜内。不设空调，采用自然散热。微型模块无需专用机房，可广泛应用在中小企业、商业零售、运营商营业网点等。

小型微模块数据中心解决方案，一体化集成配电、UPS、监控、制冷及机柜等系统。其中，综合柜集配电、UPS、机架式温控系统、监控模块于一体，IT 机柜在综合柜两侧灵活扩展。采用直膨风冷制冷方式，需在室外预留室外机安装位置（室外机按常温、高温、低温三种与综合柜自由组合配置）。微模块配置单排封闭冷通道，使冷气不外泄到其他区域，避免与热交换后的空气混合，优化和规范机房内的气流分布组织。

中型微模块采用高集成设计，集成了机柜、供配电、制冷、布线和管理等所有子系统，支持单排或双排密闭冷/热通道的灵活部署方式，应用于中小型数据中心，满足企业总部或大型分部、银行二级支行、政府、电信等多个行业的数据中心部署要求。一体化 UPS 配电柜主要集成了 UPS、UPS 配电柜、精密列头柜、空调配电和照明配电。整个配电架构为 2N，UPS 备电时间 15～240min，可选电池架或电池柜。

采用 ECC800 Pro 数据机房控制器作为模块化数据中心本地管理的核心部件，具有智能化、灵活接入、维护方便和可靠性高等特点，设备采用 POE 总线方式扩展，可灵活布局各种智能监控设备，实现模块内的设备智能管理。

产品系列		微型微模块	小型微模块	中型微模块
技术规格	机柜	支持机柜数量：1～2 柜	支持机柜数量：2～12 柜	支持机柜数量：单排 2～24 柜；双排 4～48 柜
	供配电	220/230/240V AC 50/60Hz 1L+N+PE 单路供电	380V AC～415V AC 50/60Hz 3L+N+PE 单/双路供电	380V AC～415V AC 50/60Hz 3L+N+PE 单/双路供电
	UPS	UPS 内置：3kVA/6kVA/10kVA	UPS 内置：10kVA/20kVA	UPS 内置：25kVA～125kVA
	照明	利用房间照明	利用房间照明	自带机柜级照明 可选配通道级照明
	空调	利用房间空调制冷	提供 12.5kW 精密空调制冷	风冷行间级空调：25kW/46kW
	给水排水	无需给水 机柜底部设有排水接口	需给水 机柜底部设有排水接口	需给水 机柜底部设有排水接口
	安防	机柜前后门设置有门禁锁 可选配摄像头	机柜前后门设置有门禁锁 可选配摄像头 支持人脸识别开门	通道设置有门禁、机柜前后门设置有门禁锁，可选配摄像头，支持人脸识别开门
	消防	利用房间内消防系统	利用房间内消防系统	利用房间内消防系统
	通信	数据采集器提供对外 SNMP 接口	数据采集器提供对外 SNMP 接口	数据采集器提供对外 SNMP 接口
	防雷及接地	C 级防雷 机柜设有接地端子	C 级防雷 机柜设有接地端子	C 级防雷 机柜设有接地端子
	环境和设备监控	提供水浸、温湿度、门磁、烟感、电池智能管理、视频、空调启停、UPS 状态等	提供水浸、温湿度、门磁、烟感、电池智能管理、视频、空调启停、UPS 状态等	提供水浸、温湿度、门磁、烟感、电池智能管理、视频、空调启停、UPS 状态等
外部接口		需提供外部电源接入、网络接入	需提供外部电源接入、网络接入和给水	需提供外部电源接入、网络接入和给水

系统概述	图号
华为技术有限公司	MMDC2-1

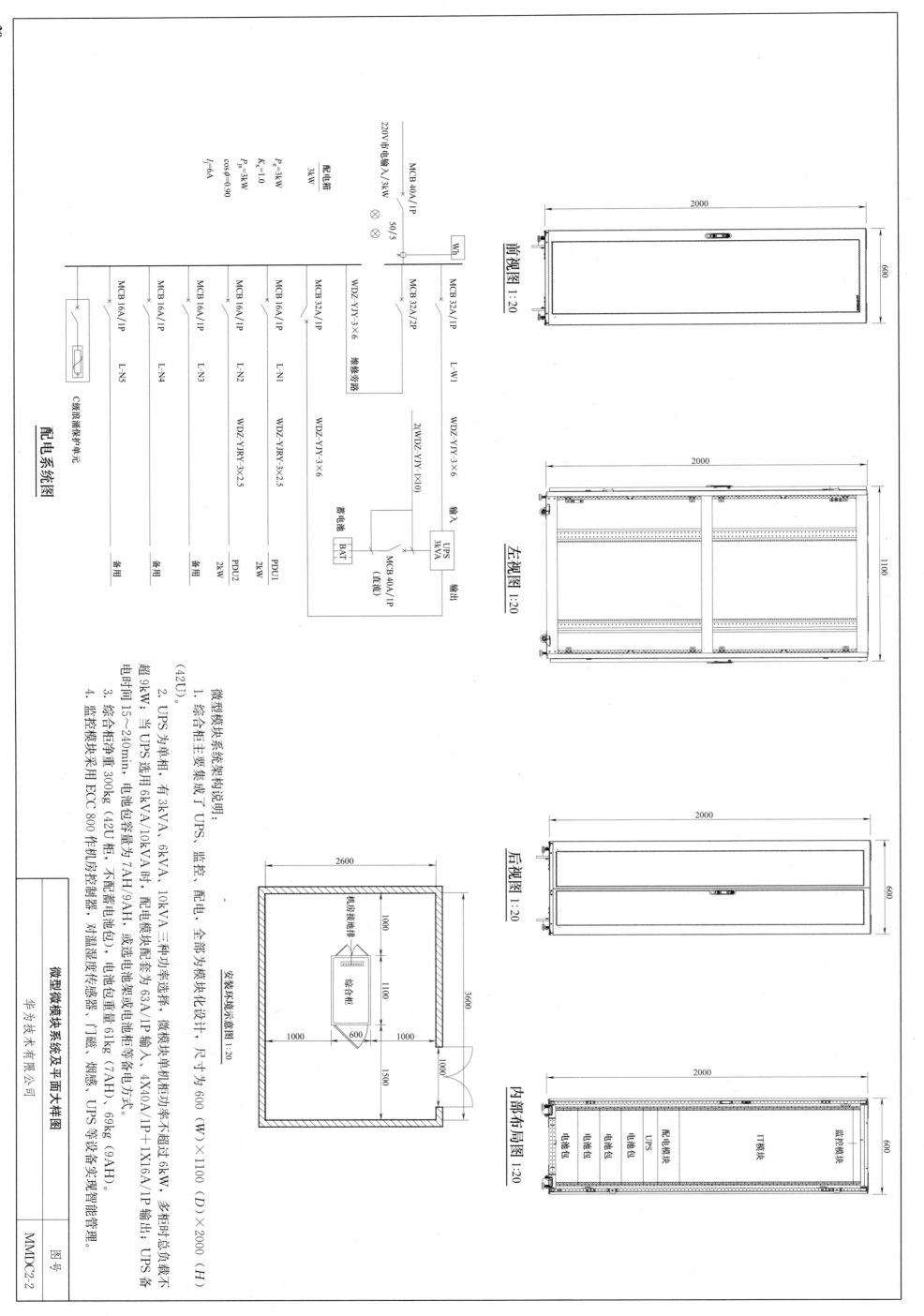

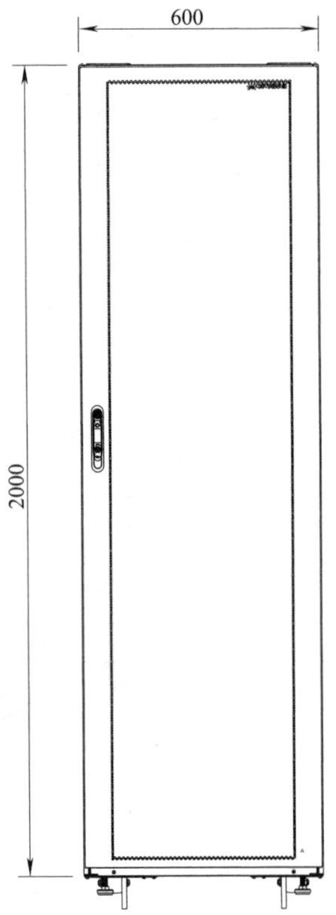
600
2000

前视图 1:20

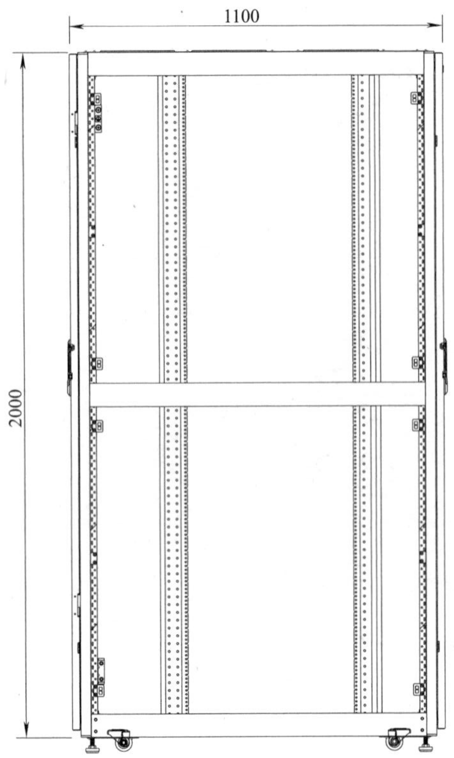
1100
2000

左视图 1:20

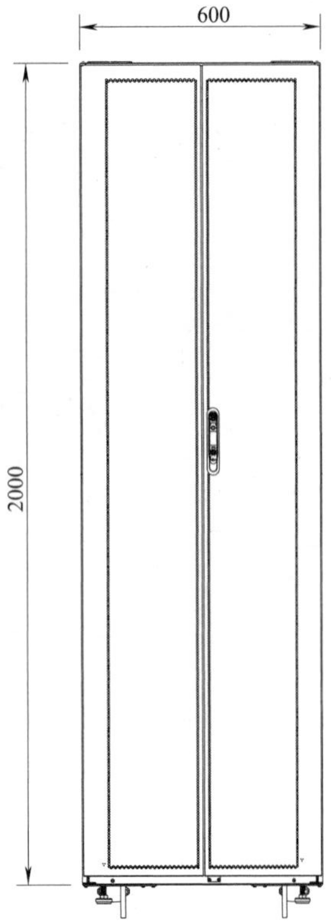
600
2000

后视图 1:20

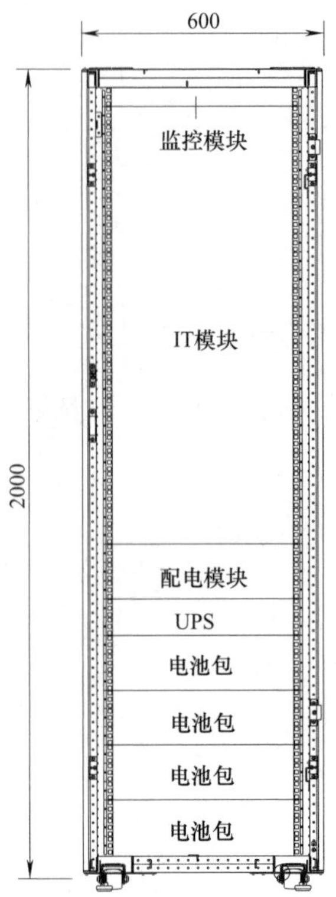
600
2000
监控模块
IT模块
配电模块
UPS
电池包
电池包
电池包
电池包

内部布局图 1:20

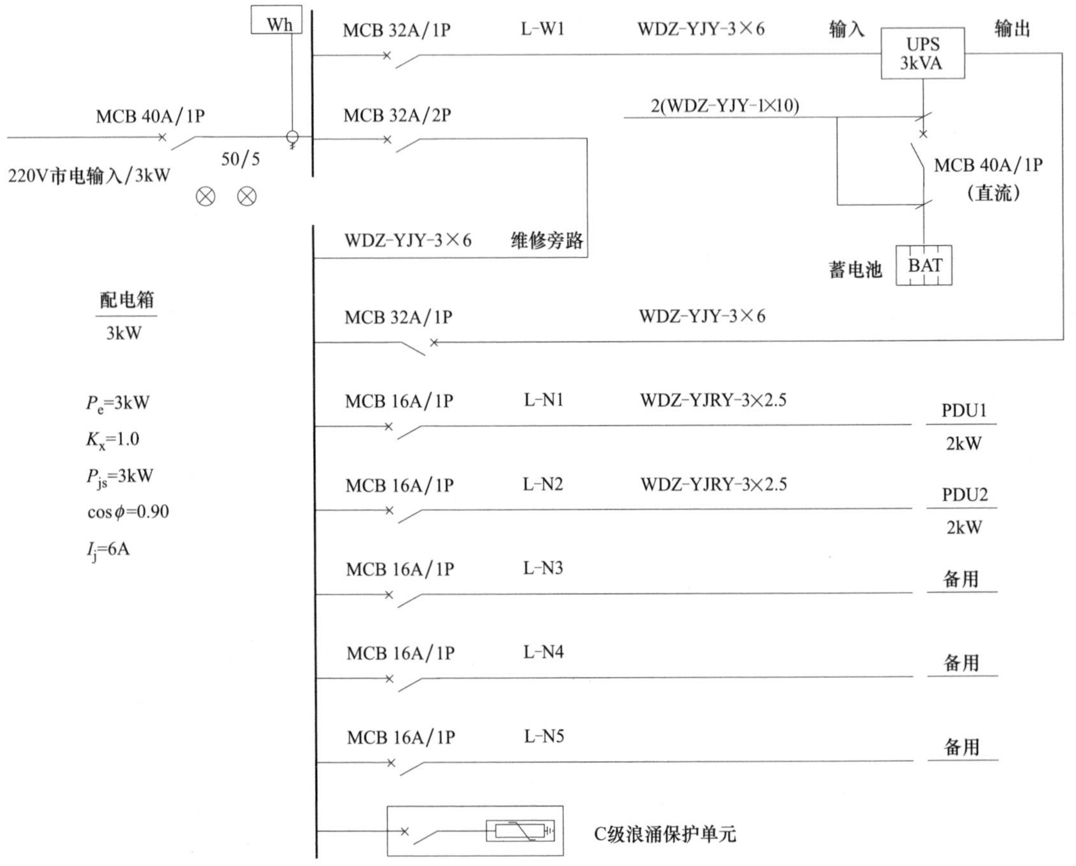
Wh
MCB 40A/1P
220V市电输入/3kW
50/5
MCB 32A/1P
L-W1
WDZ-YJY-3×6
输入
UPS
3kVA
输出
MCB 32A/2P
2(WDZ-YJY-1×10)
MCB 40A/1P
(直流)
WDZ-YJY-3×6
维修旁路
蓄电池
BAT
配电箱
3kW
P_e=3kW
K_x=1.0
P_{js}=3kW
cosϕ=0.90
I_j=6A
MCB 32A/1P
WDZ-YJY-3×6
MCB 16A/1P
L-N1
WDZ-YJRY-3×2.5
PDU1
2kW
MCB 16A/1P
L-N2
WDZ-YJRY-3×2.5
PDU2
2kW
MCB 16A/1P
L-N3
备用
MCB 16A/1P
L-N4
备用
MCB 16A/1P
L-N5
备用
C级浪涌保护单元

配电系统图

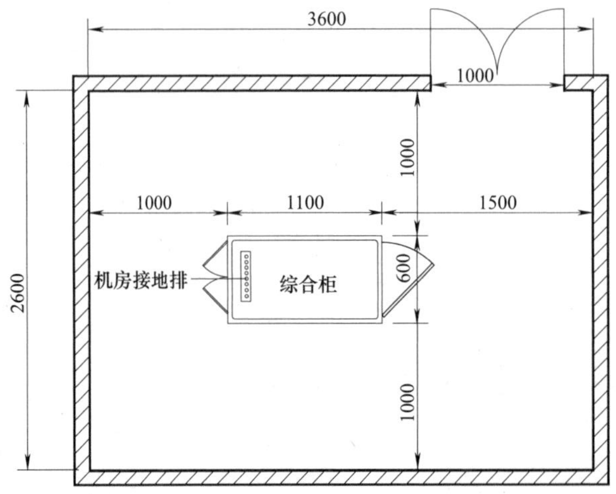
3600
1000
2600
1000
1000
1100
1500
机房接地排
综合柜
600
1000

安装环境示意图 1:20

微型模块系统架构说明：

1. 综合柜主要集成了 UPS、监控、配电，全部为模块化设计，尺寸为 600（*W*）×1100（*D*）×2000（*H*）（42U）。

2. UPS 为单相，有 3kVA、6kVA、10kVA 三种功率选择，微模块单机柜功率不超过 6kW，多柜时总负载不超 9kW；当 UPS 选用 6kVA/10kVA 时，配电模块配套为 63A/1P 输入、4X40A/1P＋1X16A/1P 输出；UPS 备电时间 15～240min，电池包容量为 7AH/9AH，或选电池架或电池柜等备电方式。

3. 综合柜净重 300kg（42U 柜，不配蓄电池包），电池包重量 61kg（7AH）、69kg（9AH）。

4. 监控模块采用 ECC 800 作机房控制器，对温湿度传感器、门磁、烟感、UPS 等设备实现智能管理。

微型微模块系统及平面大样图	图号
华为技术有限公司	MMDC2-2

注：

1. UPS带旁路微动开关，正常状态下，盖板盖住维护旁路会将微动开关的弹片压下去，开关处于常开状态。当需要维护时，卸下小盖板后微动开关常闭，给UPS的MBS一个信号，UPS自动转静态旁路。UPS切静态旁路之后可以闭合维修旁路静态开关。

2. 系统有双电源输入情况时，电源进线前端增加ATS转换。

小型微模块配电系统图	图号
华为技术有限公司	MMDC2-3

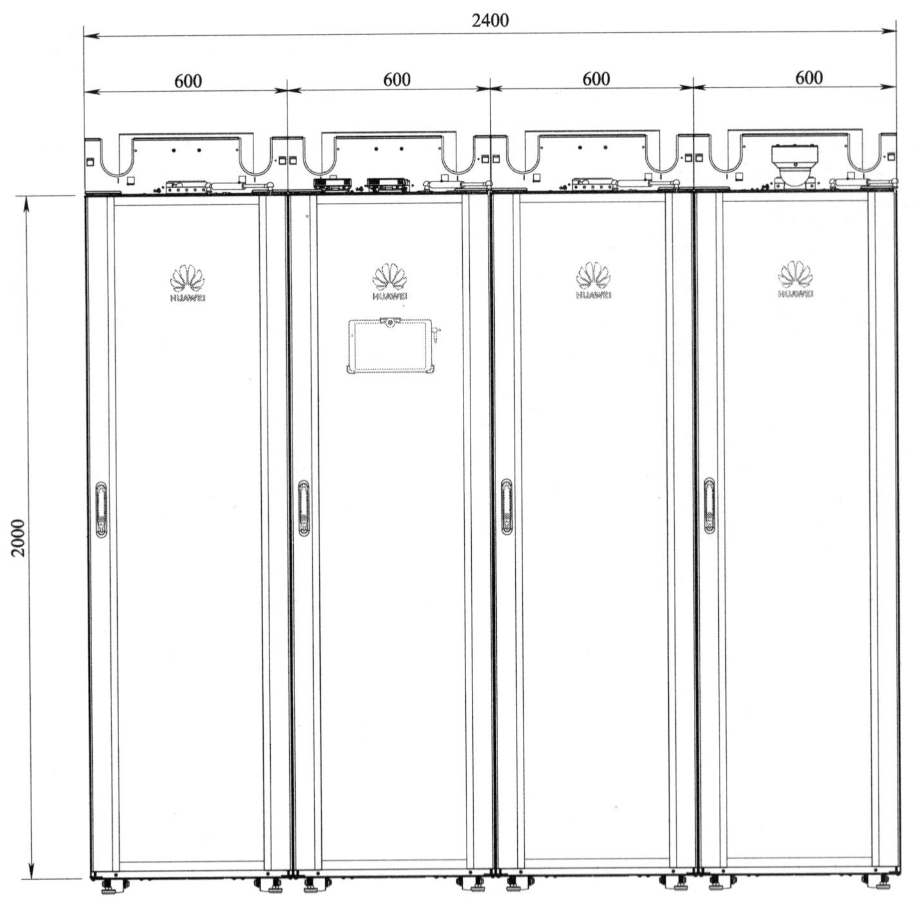
2400
600
600
600
600
2000

有门正视图1:20

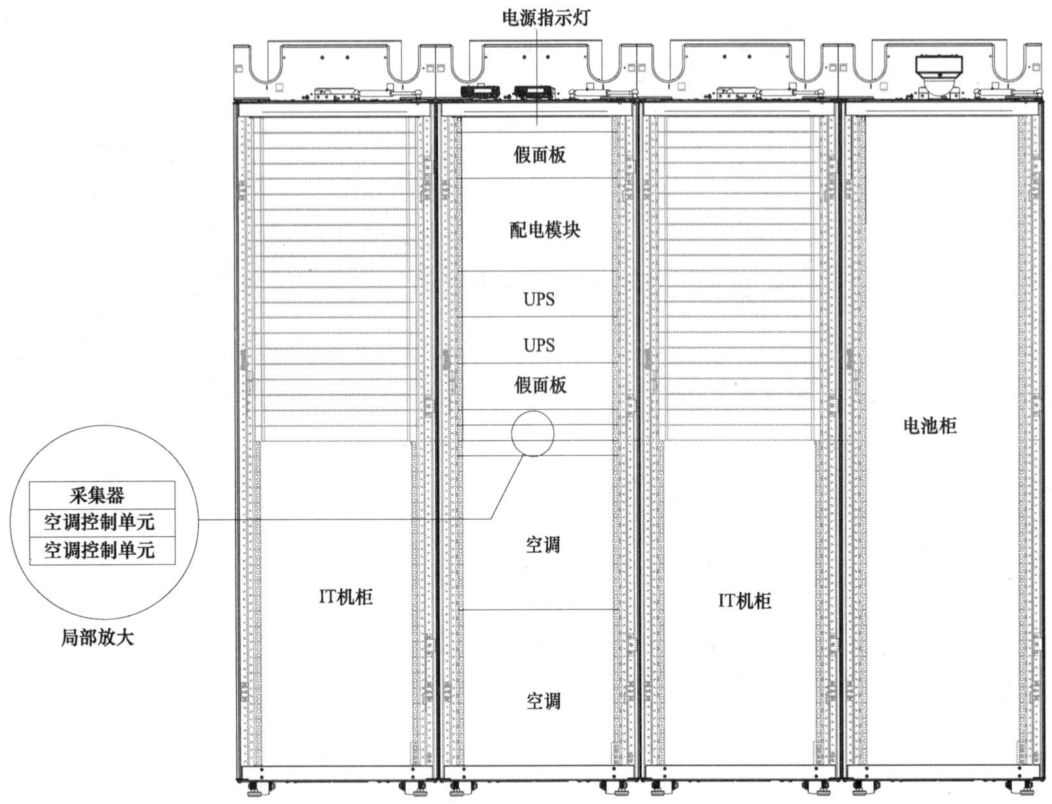
电源指示灯
假面板
配电模块
UPS
UPS
假面板
采集器
空调控制单元
空调控制单元
局部放大
空调
空调
IT机柜
IT机柜
电池柜

无门正视图1:20

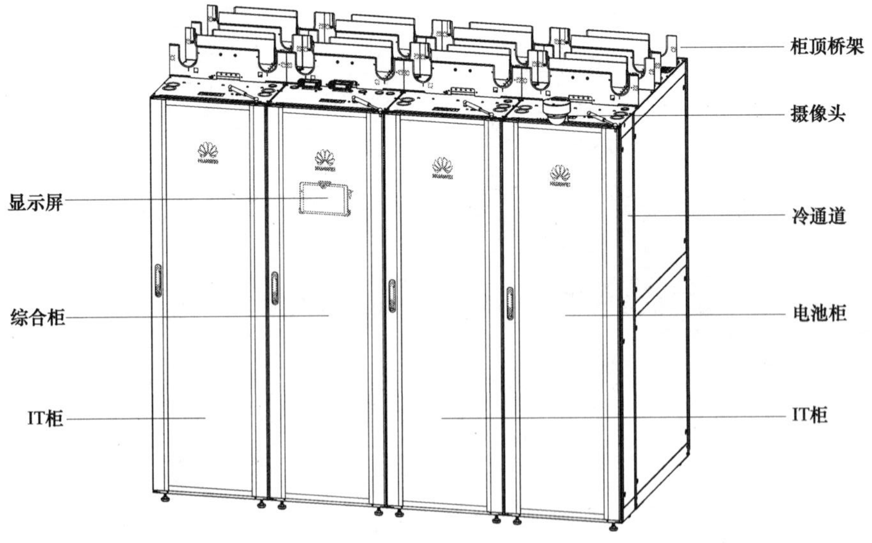
柜顶桥架
摄像头
显示屏
冷通道
综合柜
电池柜
IT柜
IT柜

轴测图

小型微模块系统架构说明：

1. 小型微模块主要集成了机柜系统、供配电系统、温控系统、监控系统、防雷接地系统、消防系统（机柜结构与消防联动）和综合布线系统。

2. 综合柜主要集成了配电、UPS 配电、空调（前送后回，机架式温控）和监控系统，全部为模块化设计，尺寸为 600（W）×1350（D）×2000（H）。

3. 温控掉电时，温度超限时自动弹开柜门散热；柜体结构可与消防联动，检测到烟雾告警时自动弹开后门让消防气体进入灭火。

小型微模块大样图	图号
华为技术有限公司	MMDC2-4

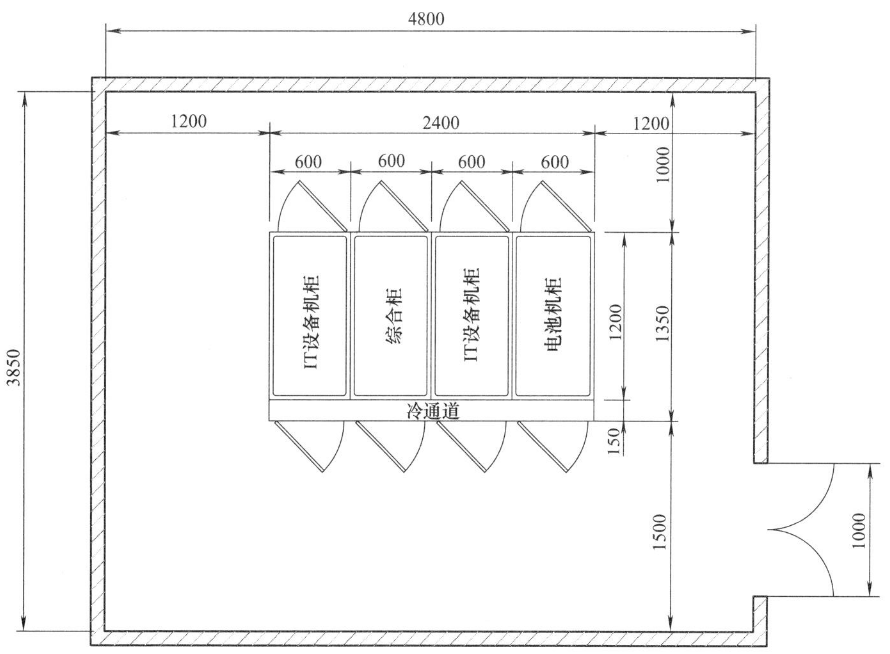
4800
1200
2400
1200
600
600
600
600
3850
1000
1200
1350
150
1500
1000
IT设备机柜
综合柜
IT设备机柜
电池机柜
冷通道

安装环境示意图 1:50

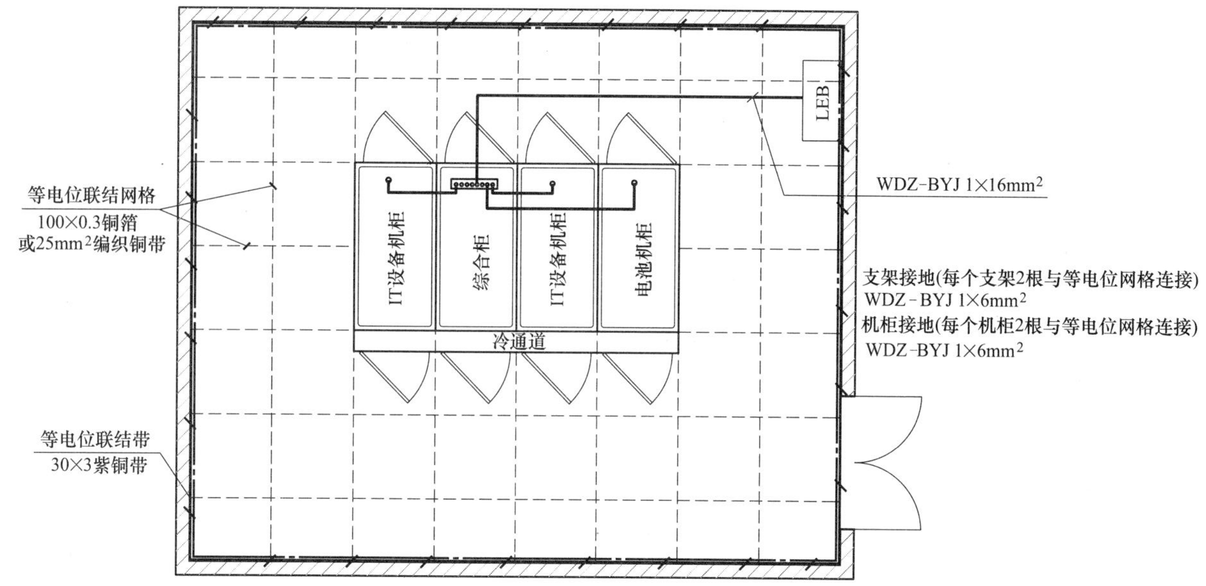
LEB
等电位联结网格
100×0.3铜箔
或25mm²编织铜带
WDZ-BYJ 1×16mm²
支架接地(每个支架2根与等电位网格连接)
WDZ-BYJ 1×6mm²
机柜接地(每个机柜2根与等电位网格连接)
WDZ-BYJ 1×6mm²
等电位联结带
30×3紫铜带
IT设备机柜
综合柜
IT设备机柜
电池机柜
冷通道

安装环境接地示意图 1:50

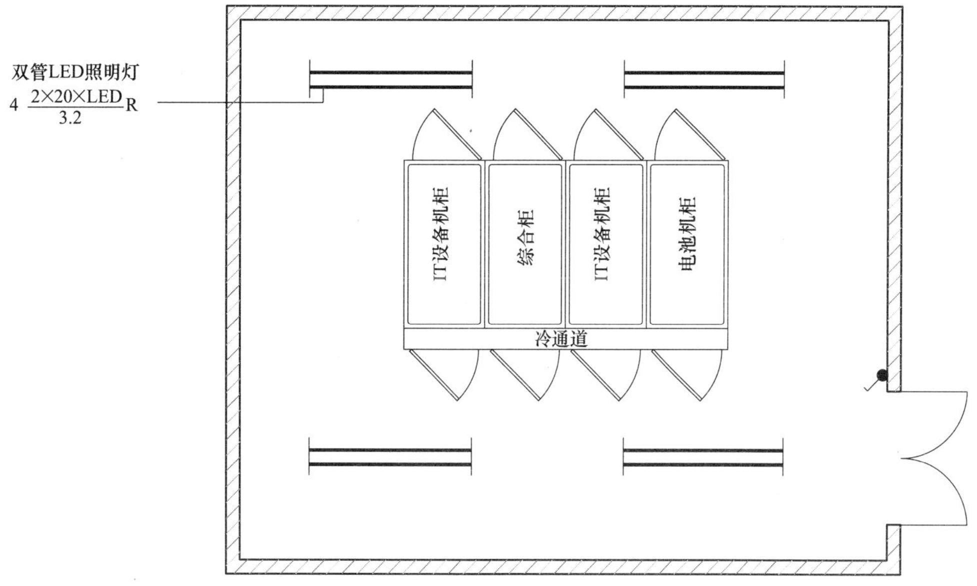
双管LED照明灯
4 2×20×LED/3.2 R
IT设备机柜
综合柜
IT设备机柜
电池机柜
冷通道

安装环境照明示意图 1:50

小型微模块系统架构说明：

1. 本图方案示意为 2 个 IT 柜、1 个综合柜、1 个电池柜并柜。

2. 本方案前端市电开关容量为 100A/3P，单机柜功率不超过 7kW，IT 总负载不超 17kW，UPS 容量为 20kVA，采用 1+1（N+1）冗余备份，备电时间 15～30min，可选电池包或电池柜，空调制冷量为 12.5kW 采用 2+0 冗余设置。

3. 空调室外机单台尺寸 966（H）×1057（W）×339（D），重量：100kg，需在室外预留出安装位置。

小型微模块平面图	图号
华为技术有限公司	MMDC2-5

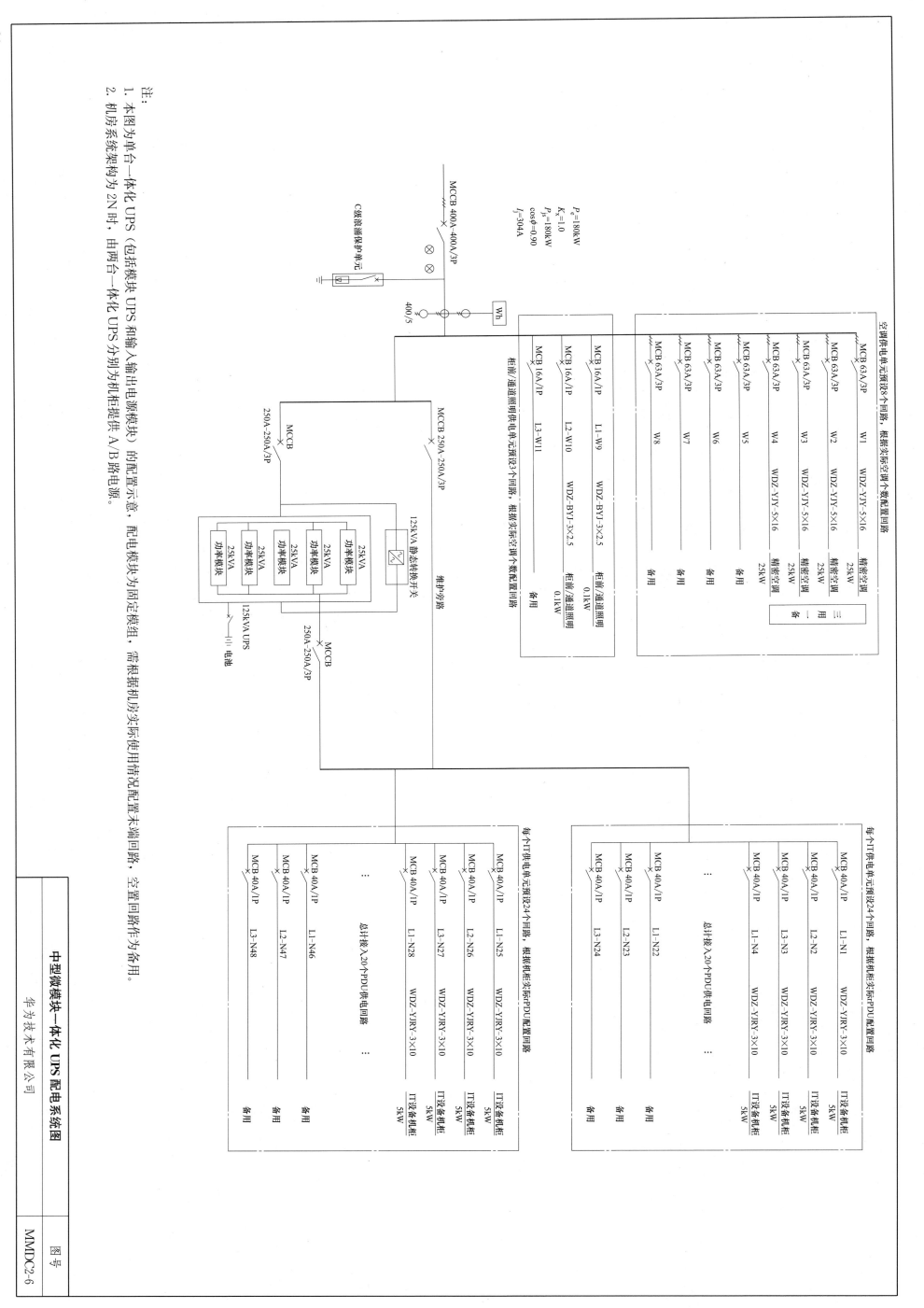

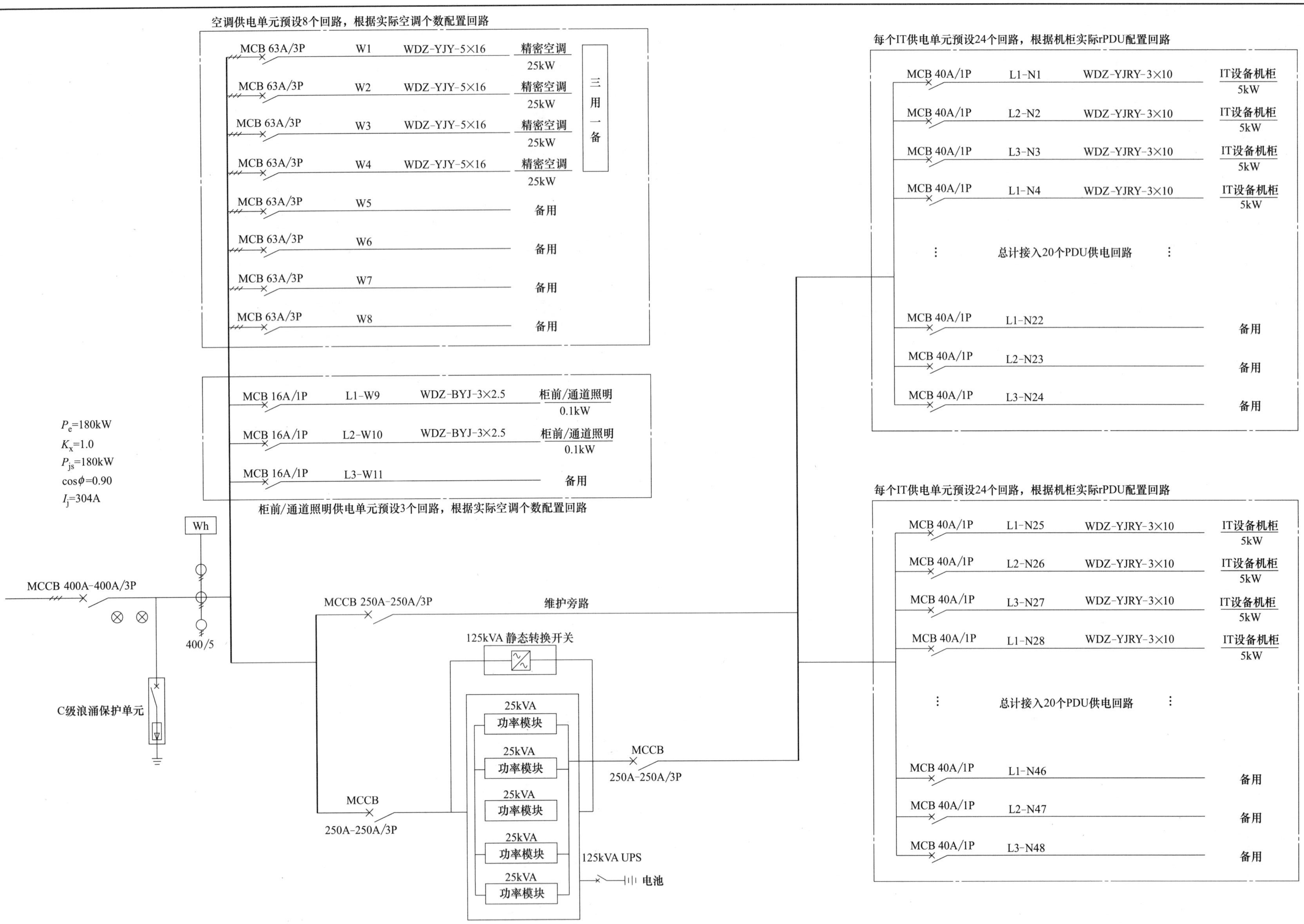
空调供电单元预设8个回路，根据实际空调个数配置回路
MCB 63A/3P W1 WDZ-YJY-5×16 精密空调 25kW
MCB 63A/3P W2 WDZ-YJY-5×16 精密空调 25kW
MCB 63A/3P W3 WDZ-YJY-5×16 精密空调 25kW
MCB 63A/3P W4 WDZ-YJY-5×16 精密空调 25kW
三用一备
MCB 63A/3P W5 备用
MCB 63A/3P W6 备用
MCB 63A/3P W7 备用
MCB 63A/3P W8 备用
MCB 16A/1P L1-W9 WDZ-BYJ-3×2.5 柜前/通道照明 0.1kW
MCB 16A/1P L2-W10 WDZ-BYJ-3×2.5 柜前/通道照明 0.1kW
MCB 16A/1P L3-W11 备用
柜前/通道照明供电单元预设3个回路，根据实际空调个数配置回路
Pe=180kW
Kx=1.0
Pjs=180kW
cosϕ=0.90
Ij=304A
Wh
MCCB 400A-400A/3P
400/5
C级浪涌保护单元
MCCB 250A-250A/3P
维护旁路
125kVA 静态转换开关
25kVA 功率模块
25kVA 功率模块
25kVA 功率模块
25kVA 功率模块
25kVA 功率模块
MCCB 250A-250A/3P
MCCB 250A-250A/3P
125kVA UPS
电池
每个IT供电单元预设24个回路，根据机柜实际rPDU配置回路
MCB 40A/1P L1-N1 WDZ-YJRY-3×10 IT设备机柜 5kW
MCB 40A/1P L2-N2 WDZ-YJRY-3×10 IT设备机柜 5kW
MCB 40A/1P L3-N3 WDZ-YJRY-3×10 IT设备机柜 5kW
MCB 40A/1P L1-N4 WDZ-YJRY-3×10 IT设备机柜 5kW
总计接入20个PDU供电回路
MCB 40A/1P L1-N22 备用
MCB 40A/1P L2-N23 备用
MCB 40A/1P L3-N24 备用
每个IT供电单元预设24个回路，根据机柜实际rPDU配置回路
MCB 40A/1P L1-N25 WDZ-YJRY-3×10 IT设备机柜 5kW
MCB 40A/1P L2-N26 WDZ-YJRY-3×10 IT设备机柜 5kW
MCB 40A/1P L3-N27 WDZ-YJRY-3×10 IT设备机柜 5kW
MCB 40A/1P L1-N28 WDZ-YJRY-3×10 IT设备机柜 5kW
总计接入20个PDU供电回路
MCB 40A/1P L1-N46 备用
MCB 40A/1P L2-N47 备用
MCB 40A/1P L3-N48 备用

注：

1. 本图为单台一体化 UPS（包括模块 UPS 和输入输出电源模块）的配置示意，配电模块为固定模组，需根据机房实际使用情况配置末端回路，空置回路作为备用。
2. 机房系统架构为 2N 时，由两台一体化 UPS 分别为机柜提供 A/B 路电源。

中型微模块一体化 UPS 配电系统图	图号
华为技术有限公司	MMDC2-6

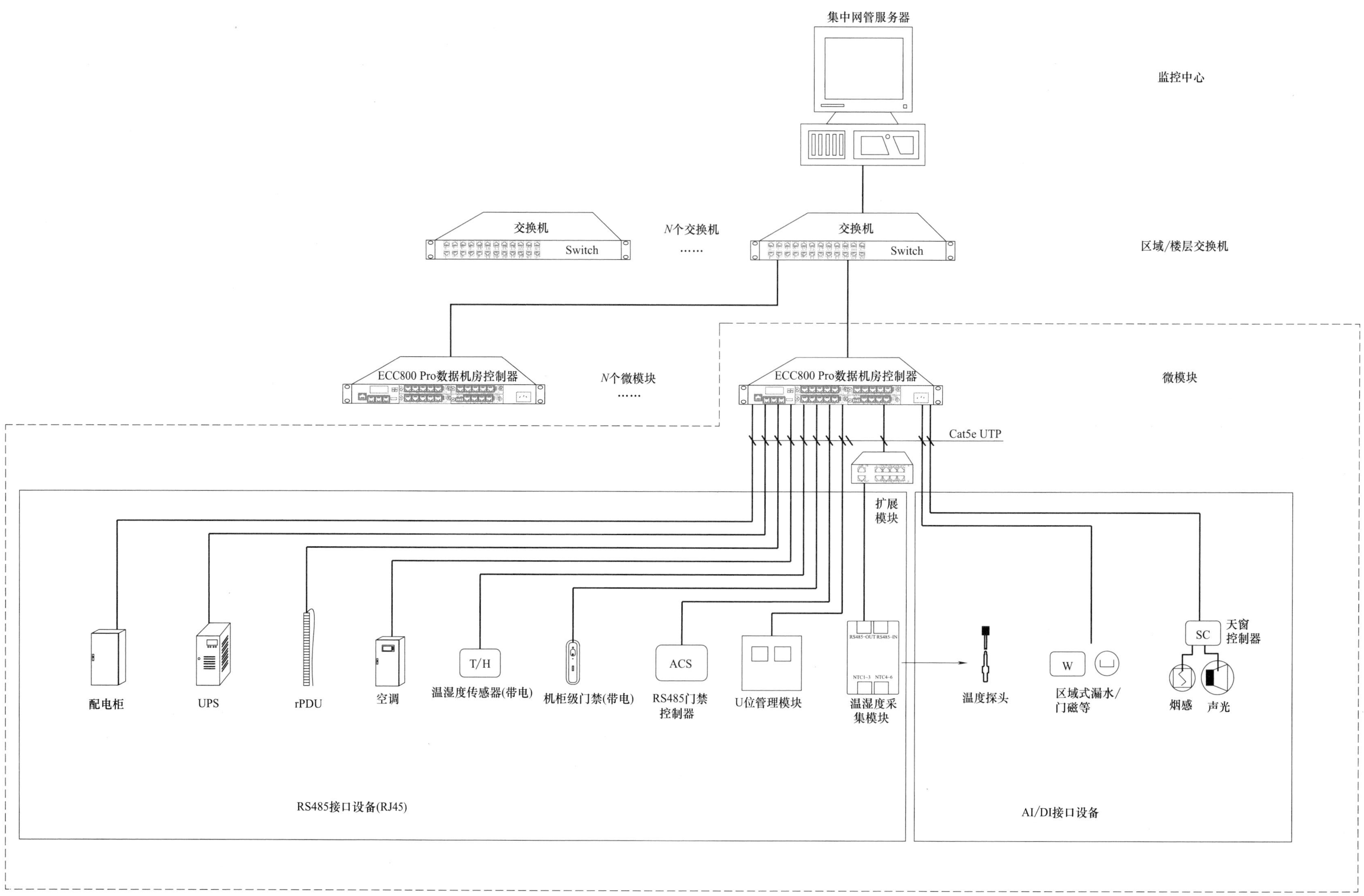

ECC800 Pro 数据机房控制器说明：

1. ECC800 Pro 在微模块中实现动力和环境集成控制；对机房内的动力设备（UPS、配电柜、精密空调等）、环境（温湿度传感器、有毒气体探测器等）和执行器（天窗执行器、照明执行器、门禁执行器）进行遥测、遥信和遥控。实时监控系统和设备的运行状态，记录和处理相关数据，及时侦测故障，通知人员处理。

2. 各种智能设备提供 RS485 通信接口或 SNMP 接口，通过 RS485 总线的方式接入 ECC800 Pro 或交换机，通过 ECC800 Pro 将 RS485 信号转换 TCP/IP 信号，上传至监控系统层的监控服务器。支持 PAD 和手机 APP 实时查看设备信息，方便运维，PAD 可以大屏形式配置在微模块综合柜上。

中型微模块综合管理系统架构图	图号
华为技术有限公司	MMDC2-7

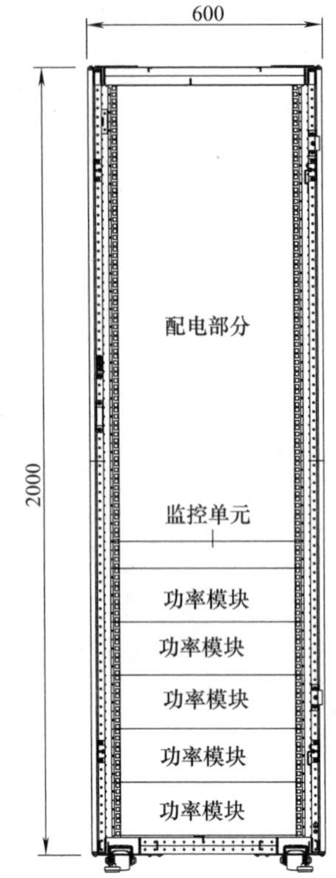
600
2000
配电部分
监控单元
功率模块
功率模块
功率模块
功率模块
功率模块

一体化UPS内部示意图 1:20

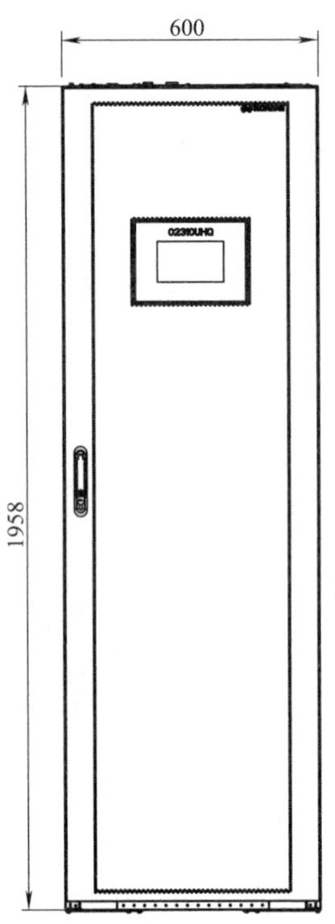
600
1958

空调前视图 1:20

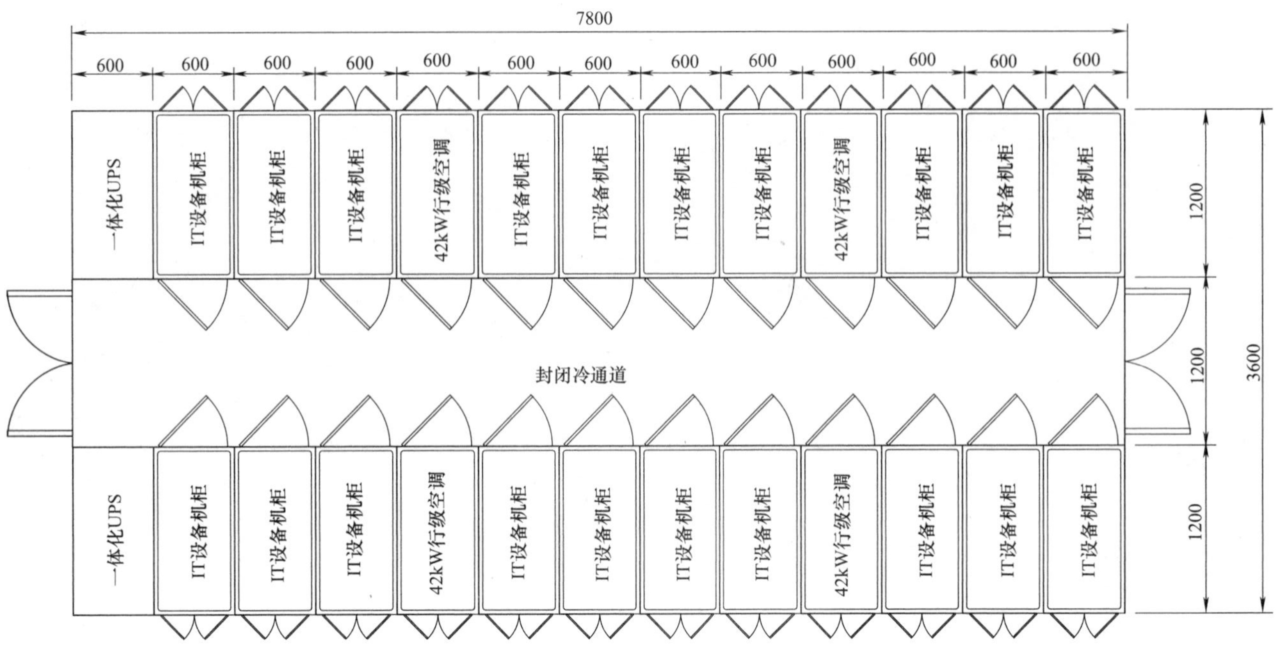
7800
600
一体化UPS
IT设备机柜
42kW行级空调
封闭冷通道
1200
3600

微模块布局图 1:50

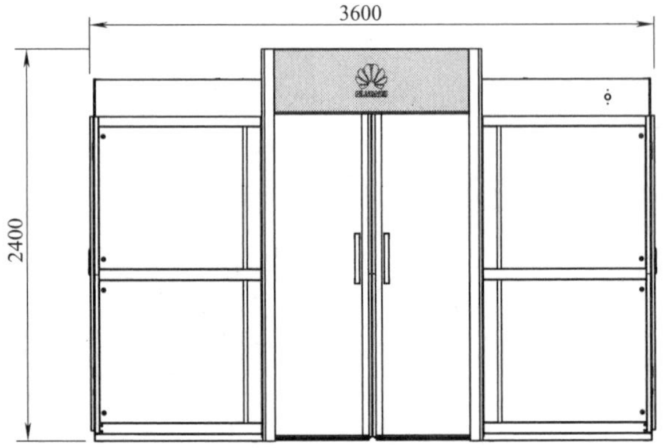
3600
2400

微模块正视图 1:50

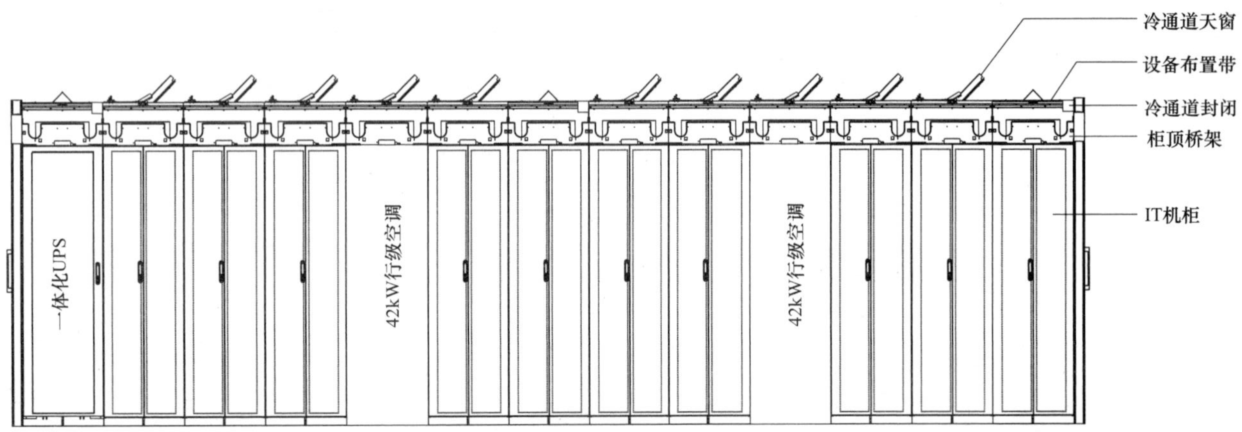
冷通道天窗
设备布置带
冷通道封闭
柜顶桥架
IT机柜
一体化UPS
42kW行级空调

微模块侧视图 1:50

中型微模块系统架构说明：

1. 一体化 UPS 配电柜采用模块化设计，主要集成了 UPS、UPS 配电柜、精密列头柜、空调配电和照明配电。
2. 本方案共 20 个 IT 柜，4 台空调，2 台一体化 UPS 并柜，系统最多可支持 48 个柜位并柜。
3. 整个配电架构为 2N，前端引入 2 路市电单路市电开关容量为 400A/3P，单机柜功率不超过 6kW，平均每个机柜负载为 5kW，总 IT 负载不超 100kW，UPS 最大容量为 125kVA，采用 2 台 125kVA UPS，备电时间 15～240min，可选电池架或电池柜（另配），空调制冷量为 42kW 采用 3+1 冗余备份。
4. 消防通过干接点信号与采集器（ECC800）连接，消防给信号采集器来控制天窗和门的打开，当模块内有报警时，通过采集器（ECC800）传到消防系统。

中型微模块大样图	图号
华为技术有限公司	MMDC2-8

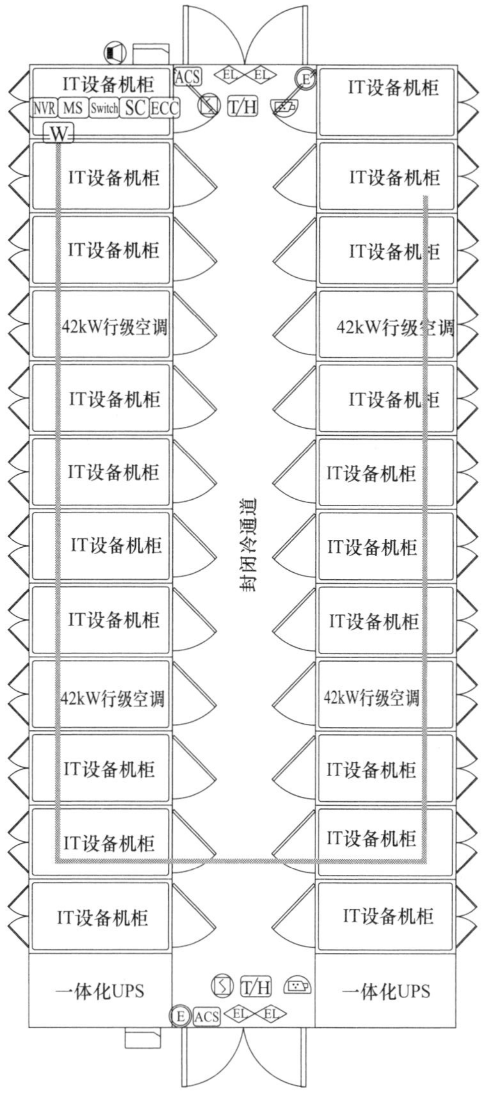

综合管理系统点位图 1:50

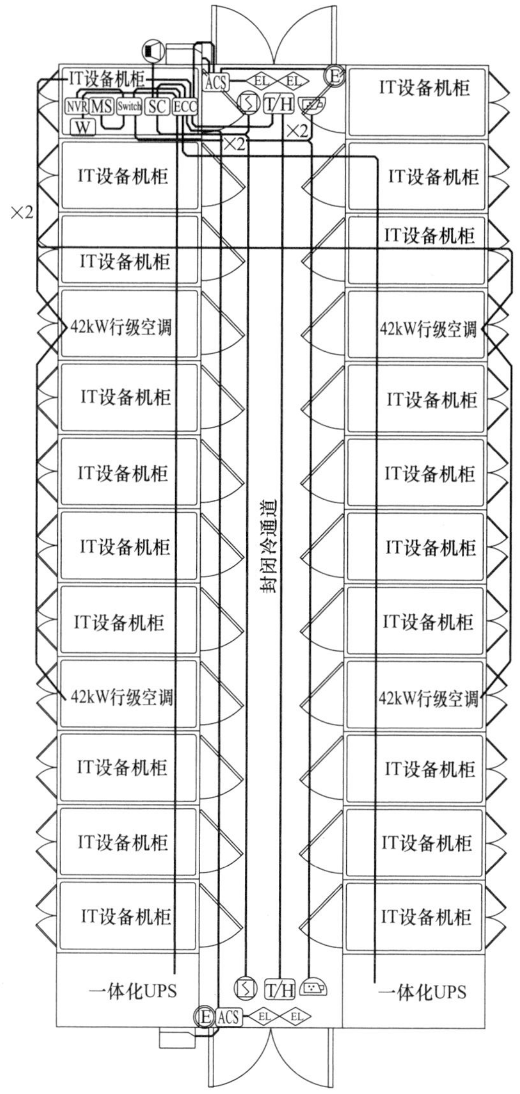

综合管理系统布线图 1:50

Cat5e UTP

中型微模块综合管理系统平面图	图号
华为技术有限公司	MMDC2-9

系统概述

一、总体概述

浙江德塔森特数据技术有限公司DTCT绿色智能微型机房一体机，在全封闭的标准机柜内，高度集成了模块化空调、UPS、配电单元、PDU，应急散热装置、布线、照明、门禁以及综合管理平台系统等绿色智能机房基础设施，为所有IT设备提供稳定可靠的运行环境；一体机即是绿色智能微型一体化机房。根据不同的应用场景及需求，可分为MicroD系列绿色智能数据机房一体机、EdgeN系列绿色智能网络机房一体机、SecuC系列绿色智能屏蔽机房一体机。

二、技术特点

1. 机柜系统：MicroD、SecuC系列采用全封闭机柜，MicroD产品前门采用中空钢化玻璃门，柜内设冷热通道气流循环，内置智能应急送风装置，感应照明系统以及局部空载密闭组件；其中SecuC系列为屏蔽机柜，达到C级屏蔽性能。EdgeN系列采用前门为玻璃门、后门为钢板门，门体四周密封，其中前门设有一体化嵌入式空调安装位，顶部四位温控风扇单元组。

2. 制冷系统：MicroD、SecuC系列采用机架式变频精密空调，置于机柜底部，采用R410A环保制冷剂。前送冷风后回热风，配合机柜内部的封闭冷热通道，提供源源不断的冷源，需在室外合适区域设置室外机；EdgeN系列采用一体化嵌入式空调，无室外机设计，具备冷凝水自处理系统，实现冷凝水零排放。

3. 配电系统：三个系列均采用机架式智能配电单元，实现柜内所有设施设备的供配电，可对其电气参数进行远程监测；双路PDU设计，满足IT设备安全用电。

4. UPS系统：机架式UPS功率模块，1～40kVA功率段满足不同应用场景，三进三出系列可实现并机及共用电池组。

5. 动力环境监测系统：柜门上触摸显示屏实现对各类信息的实时本地化监控，同时支持远程管理：手机APP、短信，E-mail等途径报告各种异常状况，实现无人值守。

产品系列		MicroD系列	EdgeN系列	SecuC系列
技术规格	机柜	单台外形尺寸 600(*W*)×1280(*D*)×2000(*H*) 800(*W*)×1280(*D*)×2000(*H*)	单台外形尺寸 (300+600)(*W*)×800(*D*)×2000(*H*) (300+800)(*W*)×800(*D*)×2000(*H*)	单台外形尺寸 700(*W*)×1350(*D*)×2000(*H*)
	供配电	机架式配电单元 16A输入PDU	10A输入PDU	机架式配电单元 16A输入PDU
	UPS	3kVA/10kVA 15kVA/20kVA	1kVA/2kVA/3kVA	3kVA/10kVA 15kVA/20kVA
	照明	红外智能感应照明	无	红外智能感应照明
	空调	制冷量4kW/8kW/15kW	制冷量1kW/2kW	制冷量4kW
	给水排水	无进水需排水	无进水需排水 (冷凝水自处理系统无需排水)	无进水需排水
	安防	机械密码锁	机械密码锁	扭力锁
	消防	1.8L/3.6L/5.4L机架式消防模块		
	环境和设备监控	标配触摸显示屏，动环采集主机及温湿度烟感等柜内传感器，实时采集设备运行数据，支持WEB、手机APP等多种运维方式		
	防雷接地	M6接地铜柱		
外部接口		接入电缆(MicroD、SecuC系列)：单体/两联机：WDZ-YJY-3×10mm^2；三/四联机：WDZ-YJY-5×16mm^2；五/六联机WDZ-YJY-4×25+1×16mm^2；七至十联机WDZ-YJY-4×35+1×16mm^2； 接入电缆(EdgeN系列)：全系列产品接入电缆为WDZ-YJY-3×6mm^2； 空调铜管尺寸(液管、气管) 4kW空调ϕ6、ϕ9.52；8kW空调ϕ9.52、ϕ12.7；15kW空调ϕ9.52、ϕ15.88 PVC排水管ϕ25，墙体开洞穿管，单制冷模块的孔洞内径尺寸应≥ϕ100，双制冷模块的孔洞内径尺寸应≥200mm		

系统概述	图号
浙江德塔森特数据技术有限公司	MMDC3-1

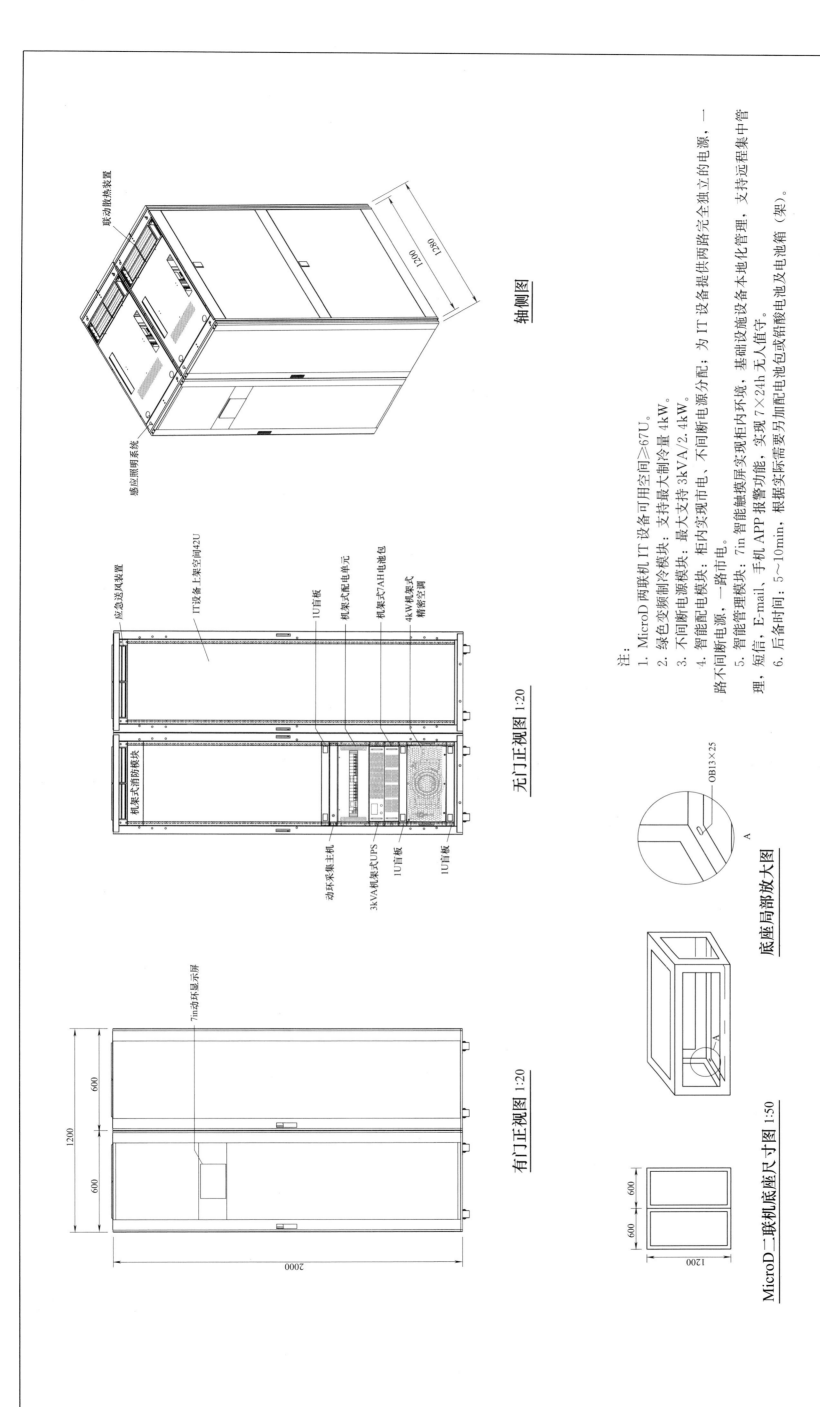

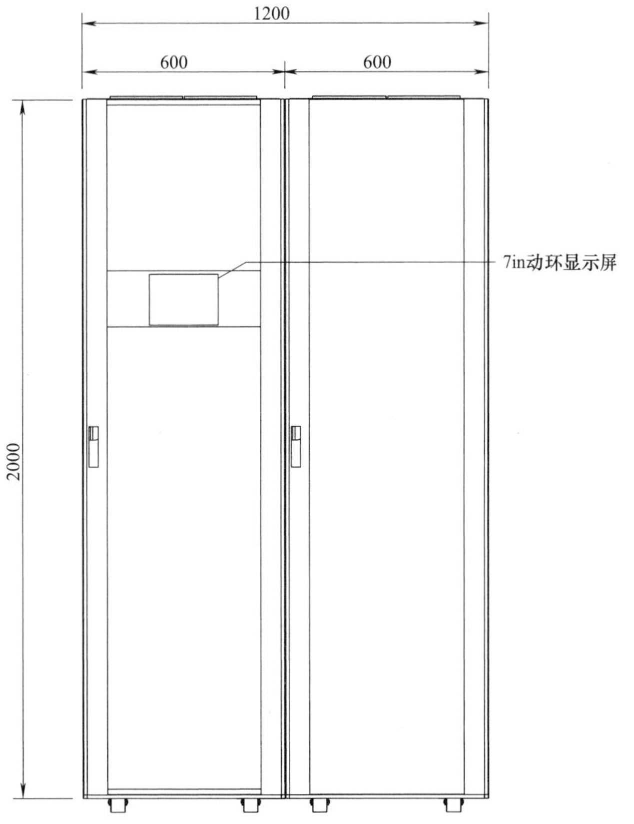

1200
600
600
2000
7in动环显示屏

有门正视图 1:20

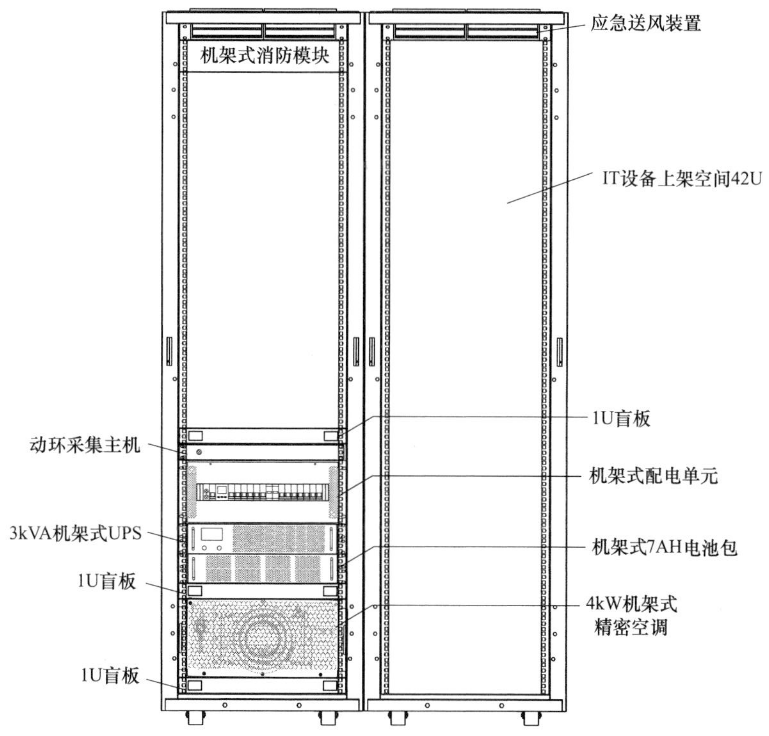

应急送风装置
机架式消防模块
IT设备上架空间42U
1U盲板
动环采集主机
机架式配电单元
3kVA机架式UPS
机架式7AH电池包
1U盲板
4kW机架式
精密空调
1U盲板

无门正视图 1:20

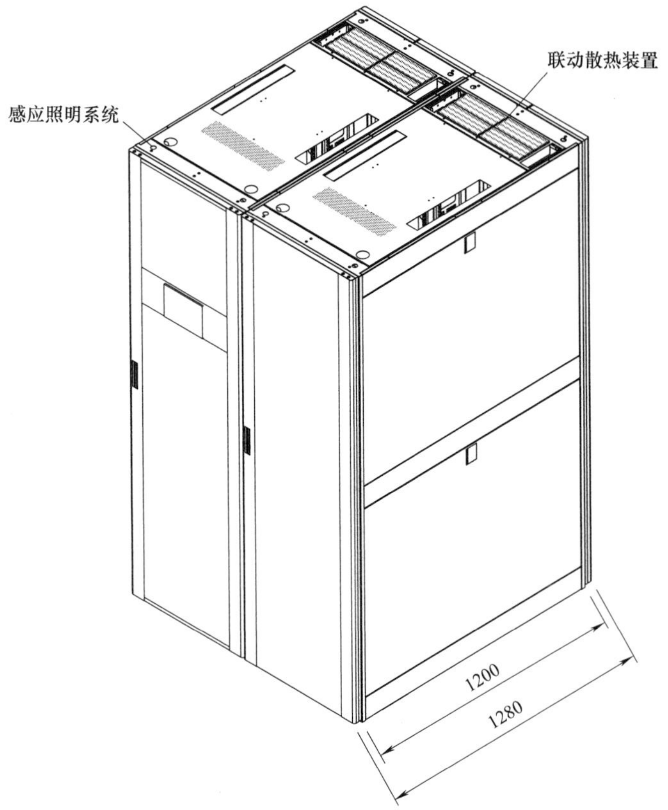

联动散热装置
感应照明系统
1200
1280

轴侧图

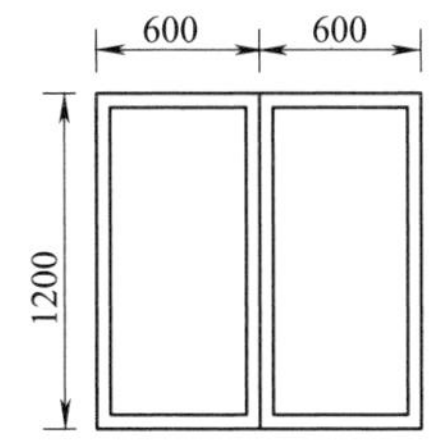

600
600
1200

MicroD二联机底座尺寸图 1:50

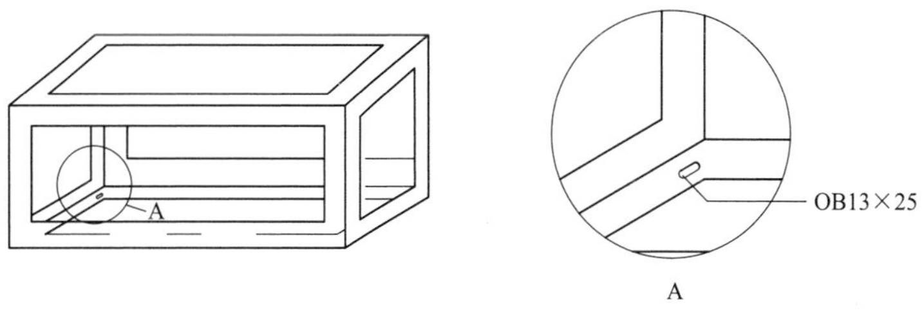

A
OB13×25
A

底座局部放大图

注：

1. MicroD 两联机 IT 设备可用空间≥67U。
2. 绿色变频制冷模块：支持最大制冷量 4kW。
3. 不间断电源模块：最大支持 3kVA/2.4kW。
4. 智能配电模块：柜内实现市电、不间断电源分配；为 IT 设备提供两路完全独立的电源，一路不间断电源，一路市电。
5. 智能管理模块：7in 智能触摸屏实现柜内环境，基础设施设备本地化管理，支持远程集中管理，短信，E-mail、手机 APP 报警功能，实现 7×24h 无人值守。
6. 后备时间：5～10min，根据实际需要另加配电池包或铅酸电池及电池箱（架）。

MicroD 两联机大样图	图号
浙江德塔森特数据技术有限公司	MMDC3-2

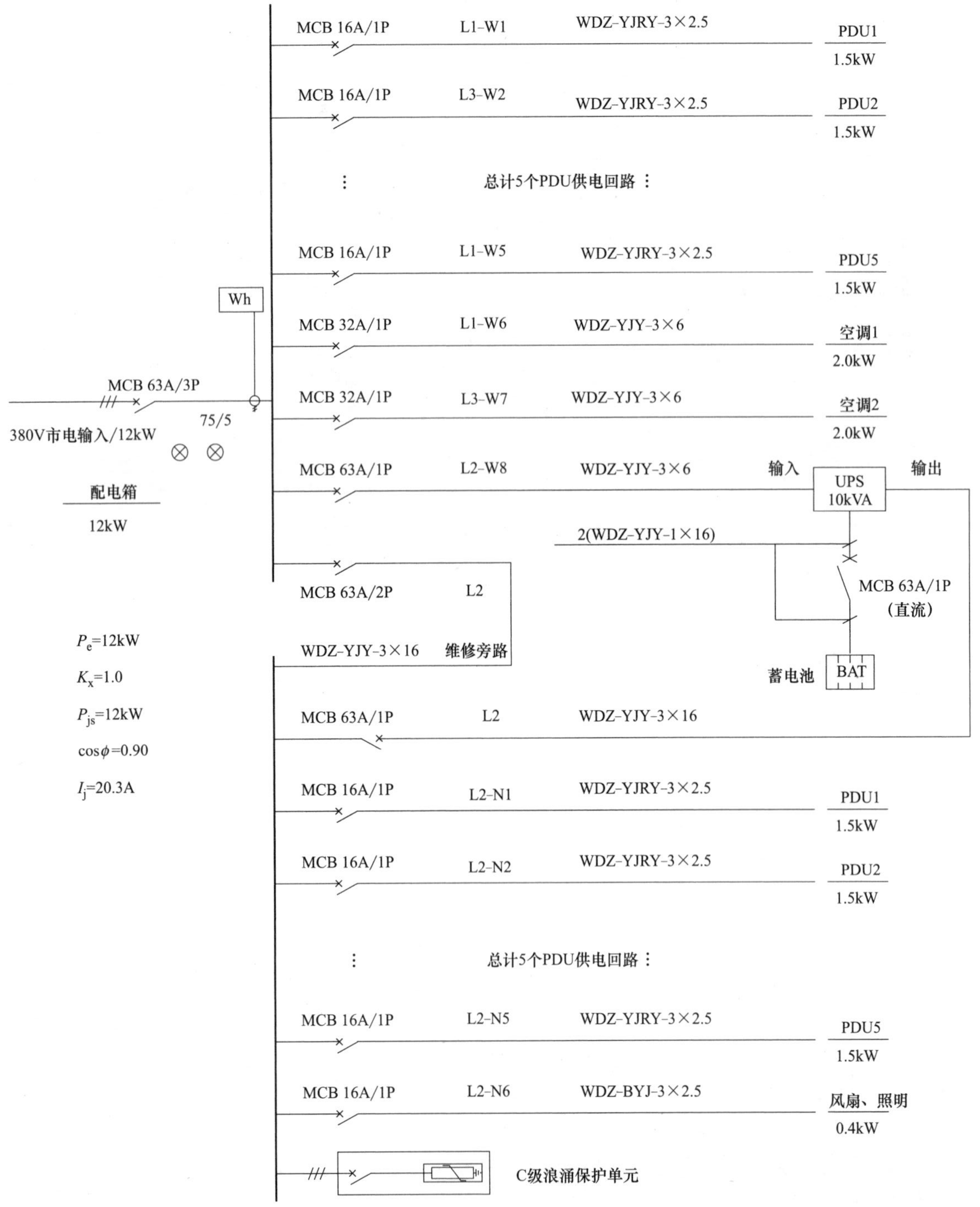

MicroD三联机配电系统图

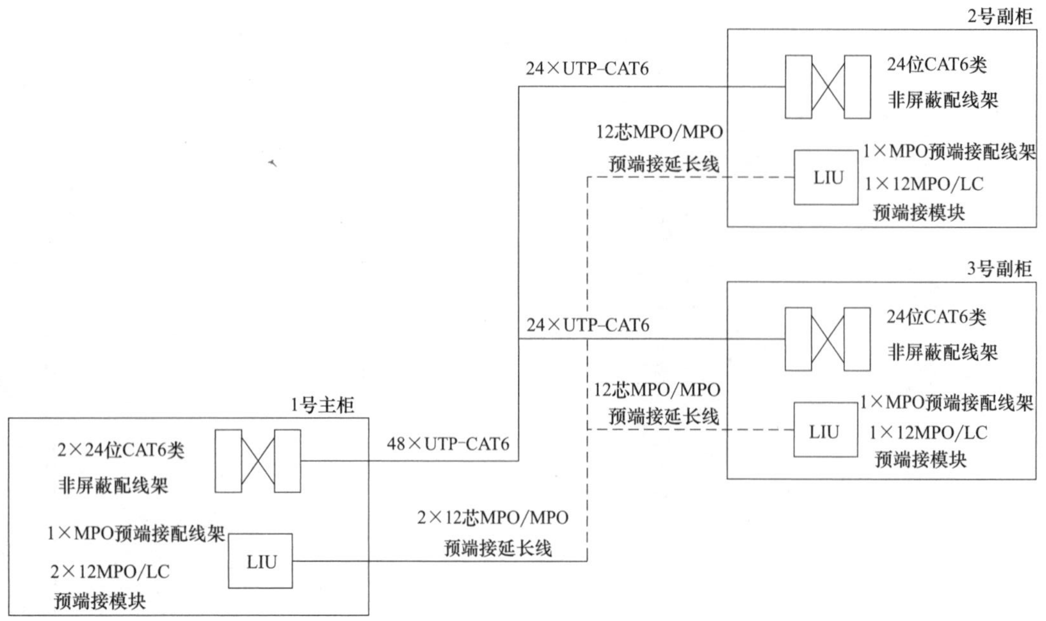

MicroD三联机综合布线系统图

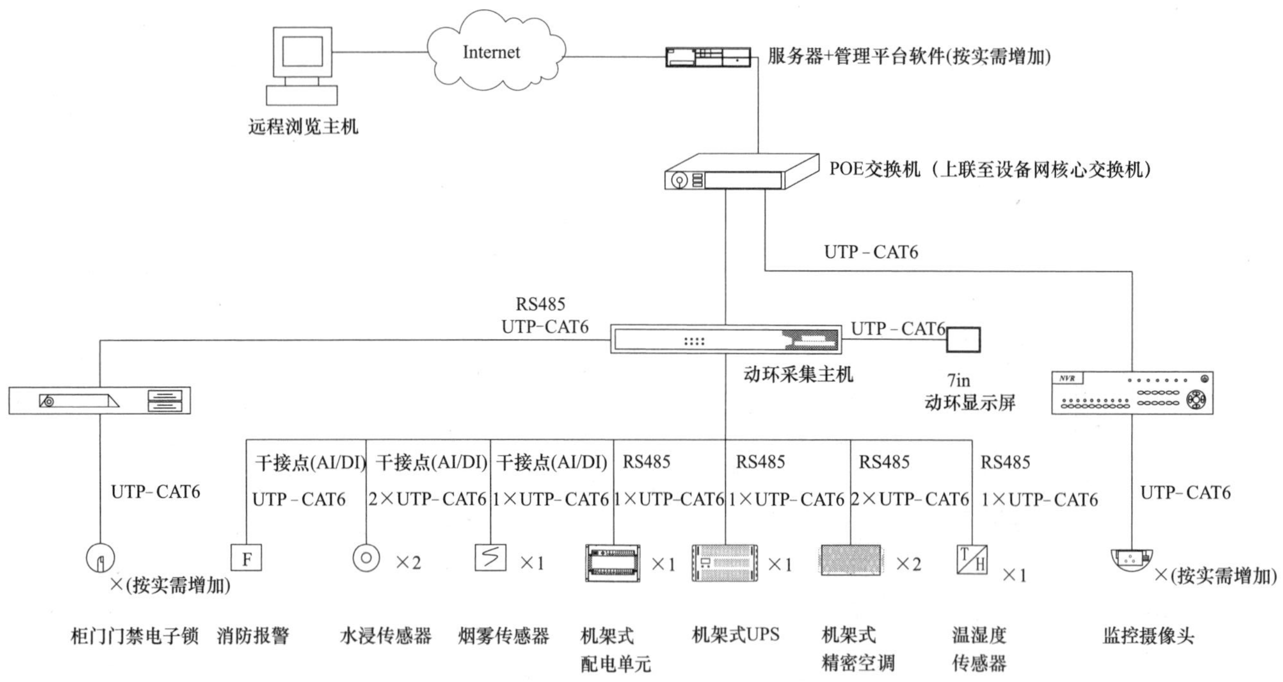

MicroD三联机动环拓扑图

注：

1. 配电单元可根据不同的柜体数量及负载情况做不同空开数量及大小的定制化调整，市电总进线电缆需一体机产品进场实施前敷设完毕。

2. 动环系统监控内容主要为配电单元的电气参数、机架式 UPS、机架式精密空调、漏水、温湿度、烟感、视频、监控、门禁等功能，实现 24×365 的全面集中监控和管理，保障一体机环境及设备安全高效稳定可靠运行；基础环境监测传感器模块数量与柜体数量相关。

3. 综合布线产品可根据实际需求做增减。

MicroD 三联机系统图	图号
浙江德塔森特数据技术有限公司	MMDC3-3

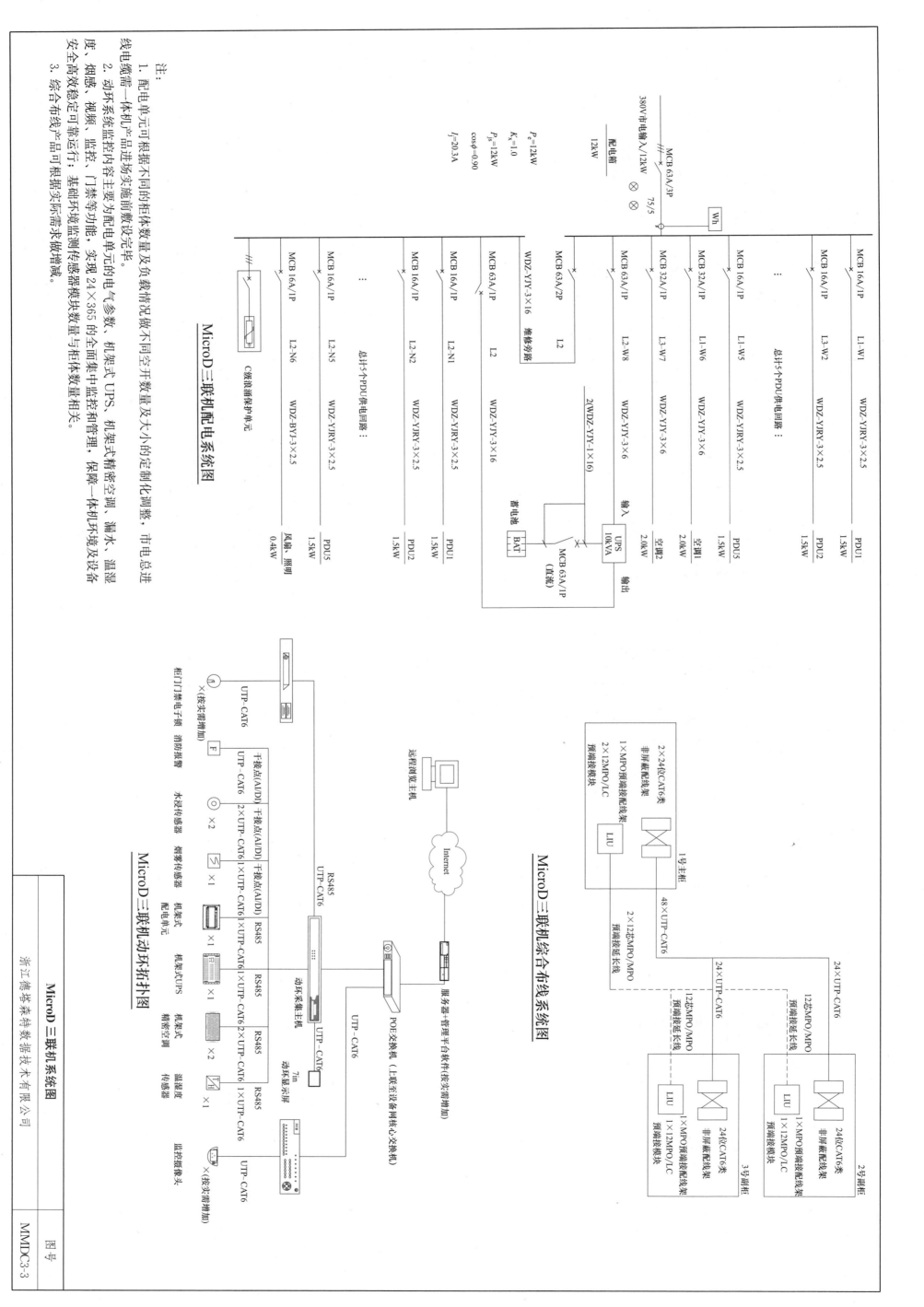

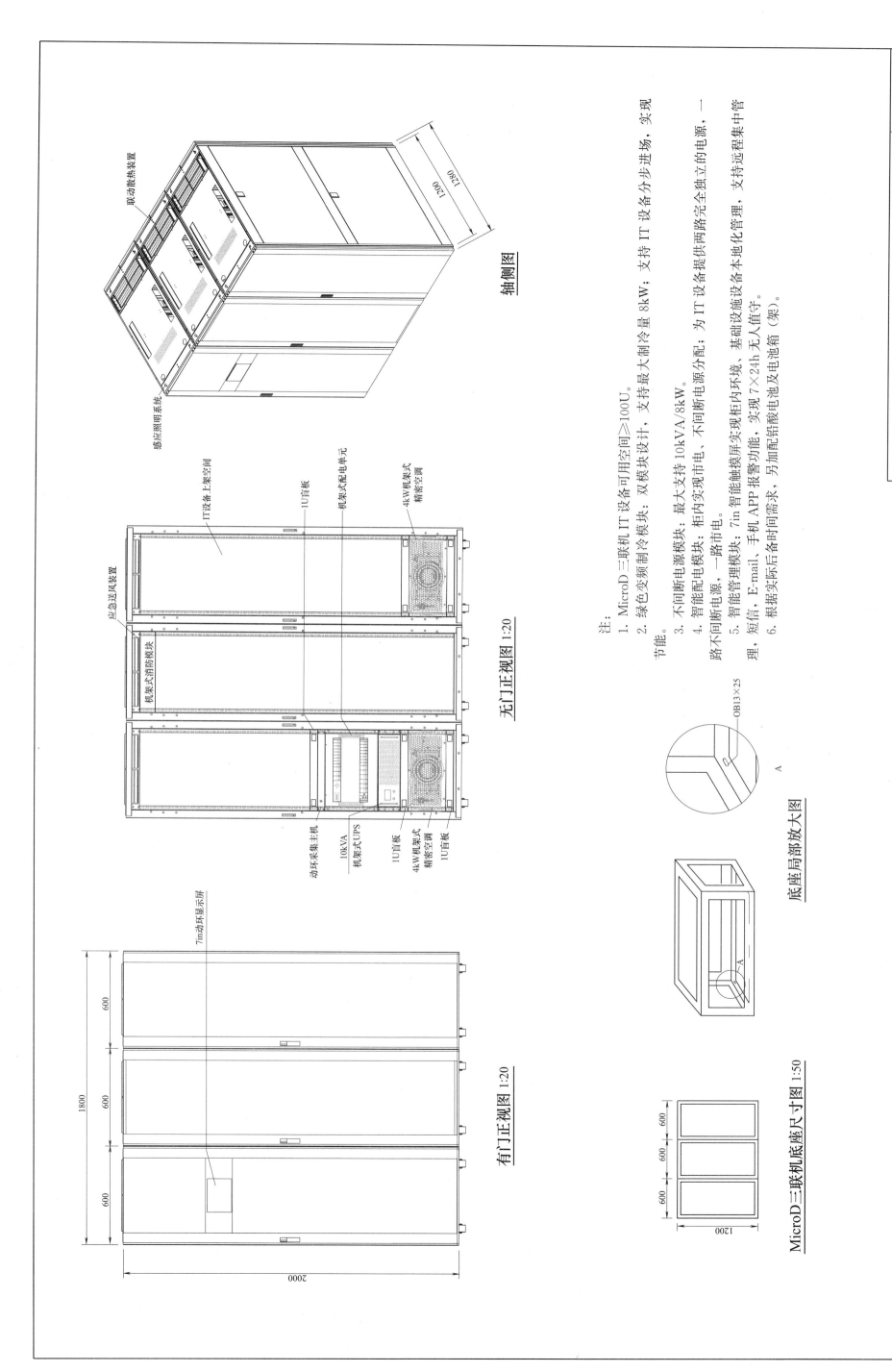

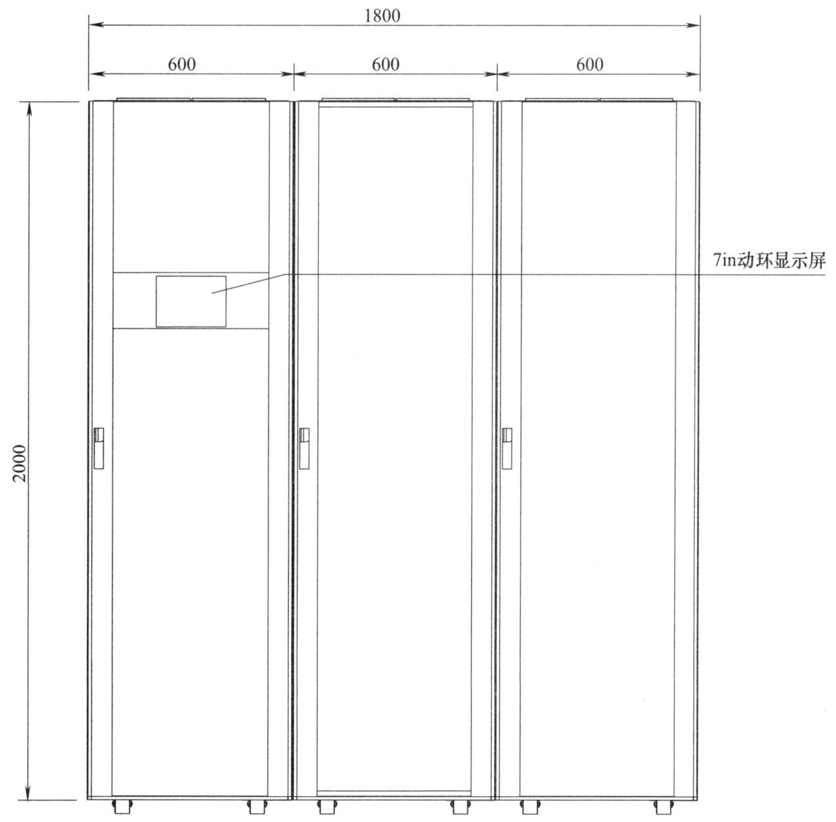
1800
600
600
600
2000
7in动环显示屏

有门正视图 1:20

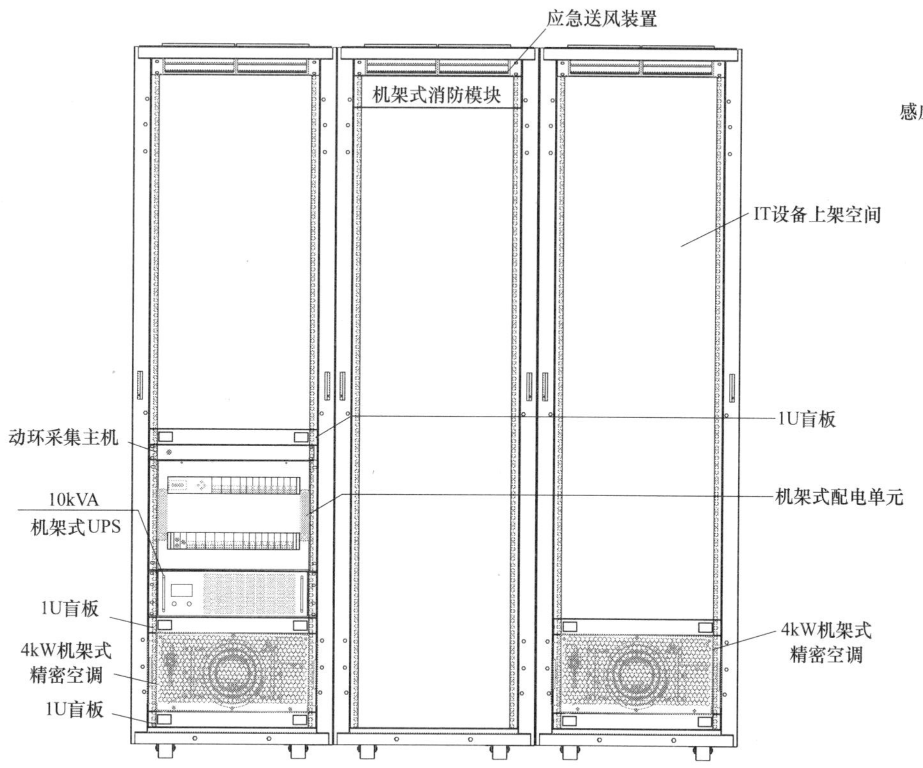
应急送风装置
机架式消防模块
IT设备上架空间
动环采集主机
1U盲板
10kVA
机架式UPS
机架式配电单元
1U盲板
4kW机架式
精密空调
1U盲板
4kW机架式
精密空调

无门正视图 1:20

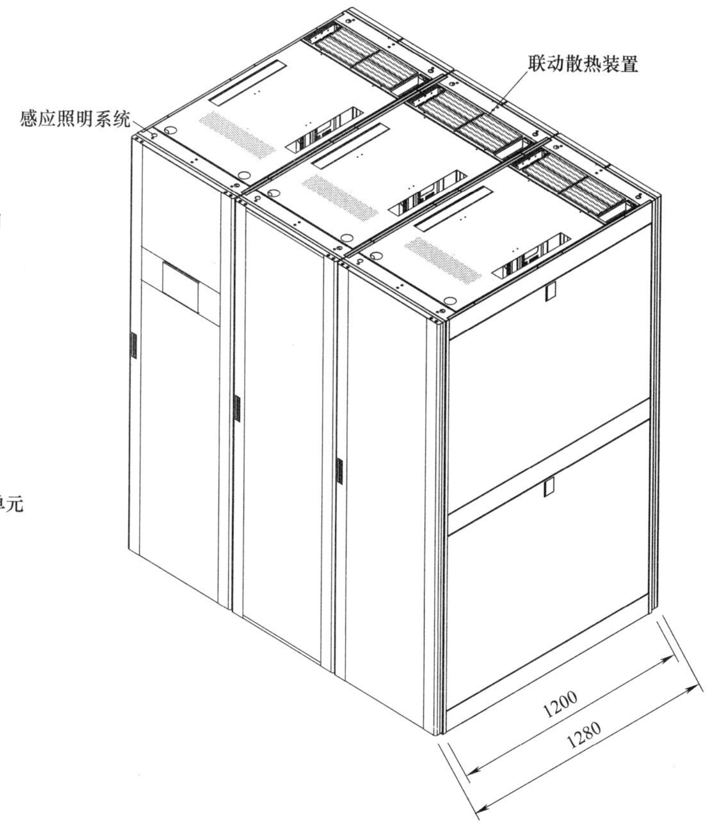
联动散热装置
感应照明系统
1200
1280

轴侧图

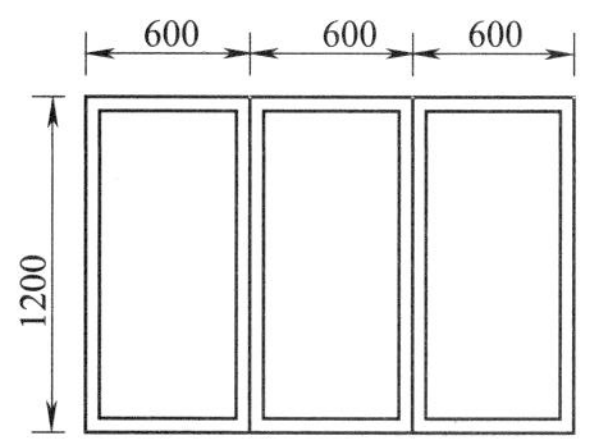
600
600
600
1200

MicroD三联机底座尺寸图 1:50

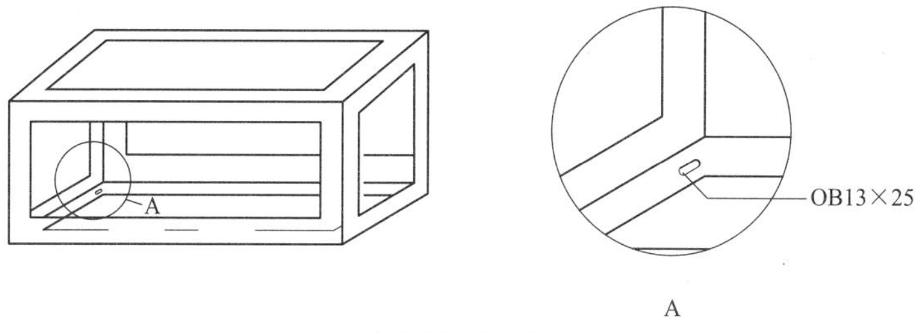
A
OB13×25
A

底座局部放大图

注：

1. MicroD 三联机 IT 设备可用空间≥100U。
2. 绿色变频制冷模块：双模块设计，支持最大制冷量 8kW；支持 IT 设备分步进场，实现节能。
3. 不间断电源模块：最大支持 10kVA/8kW。
4. 智能配电模块：柜内实现市电、不间断电源分配；为 IT 设备提供两路完全独立的电源，一路不间断电源，一路市电。
5. 智能管理模块：7in 智能触摸屏实现柜内环境、基础设施设备本地化管理，支持远程集中管理，短信，E-mail、手机 APP 报警功能，实现 7×24h 无人值守。
6. 根据实际后备时间需求，另加配铅酸电池及电池箱（架）。

MicroD 三联机大样图	图号
浙江德塔森特数据技术有限公司	MMDC3-4

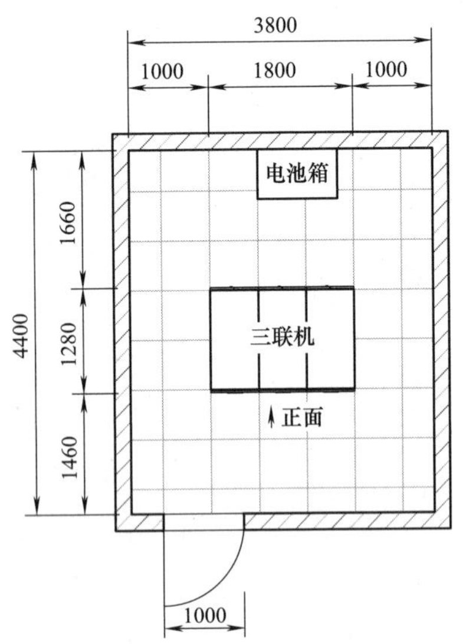

MicroD三联机平面布局图 1:100

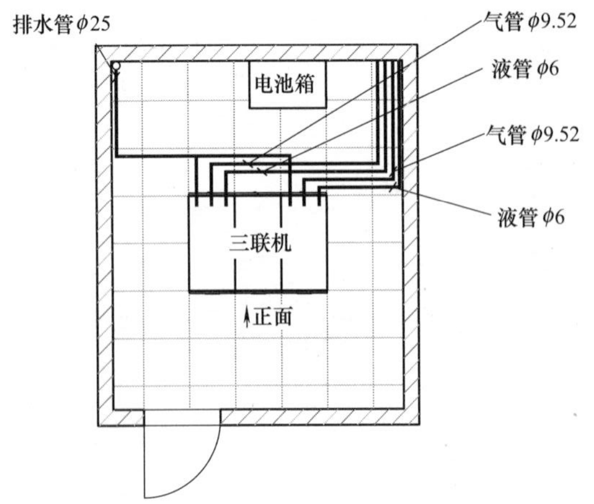

MicroD三联机铜管排水管走向图 1:100

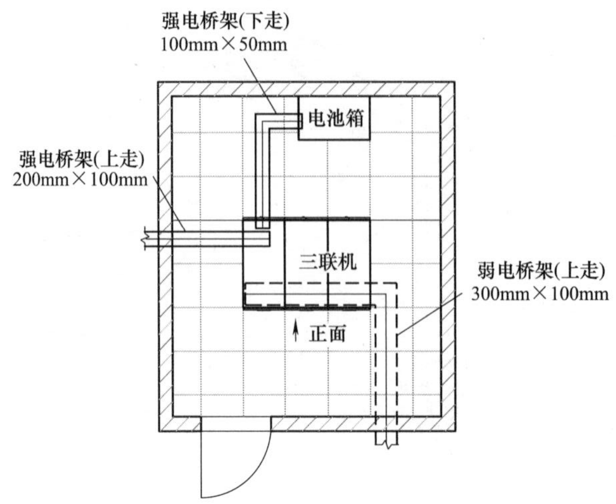

MicroD三联机强弱电桥架示意图 1:100

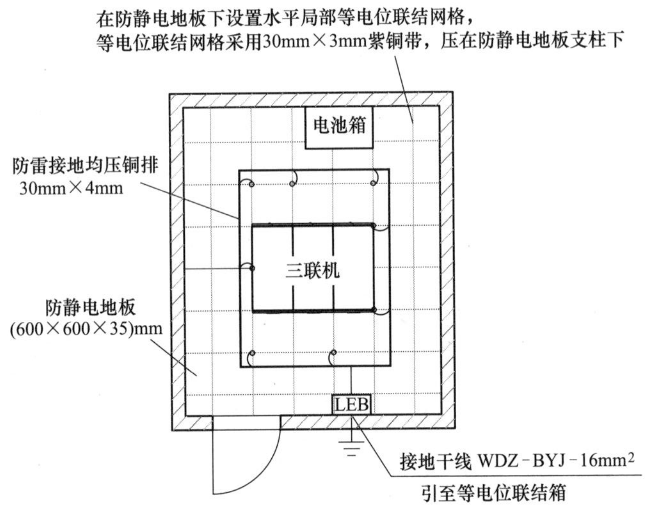

MicroD三联机防雷接地布置示意图 1:100

注：

1. MicroD 系列一体机单柜宽度有 600mm、800mm 两种尺寸可供选择。

2. 在空间尺寸条件有限的场景下，最小布局空间尺寸如下：

（1）前门离墙应≥900mm；

（2）一边侧门可靠墙放置，另一边离墙应≥600mm；后门离墙应≥600mm。

3. 图中标注的气/液管管径是管路长度在 10m 以内的规格，超出 10m，为降低系统阻力，需适当增大管径；铜管均应包好保温层，厚度≥9mm；排水管可选用 PVC 管、镀锌钢管或铝塑管；排水管必须牢固，不得有瘪管或强扭现象。

4. 等电位联结带就近与局部等电位联结箱、各类金属管道、金属线槽、建筑物金属结构进行连接；一体机采用两根不同长度的 $6mm^2$ 铜导线与等电位联结网格连接。

5. 以 50×5mm 角钢或 5 号槽钢连成底座；底架表面必须平整；底座与地面固定为 OB 孔形式，孔眼尺寸为 12.5mm×20mm，每个底座 4 个 OB 孔；底座高度应≥150mm 且需与静电地板高度相吻合。

MicroD 三联机平面图	图号
浙江德塔森特数据技术有限公司	MMDC3-5

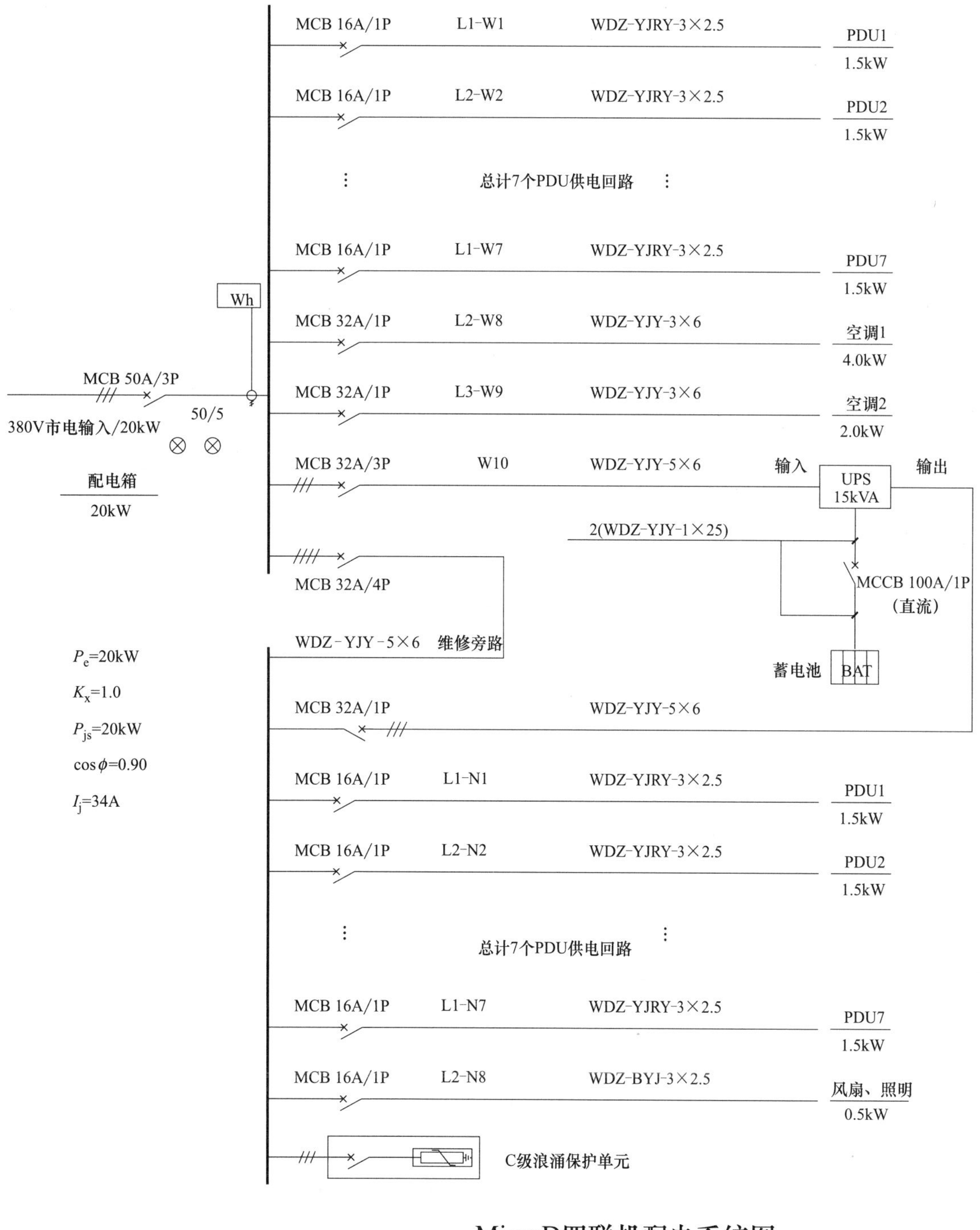

MicroD四联机配电系统图

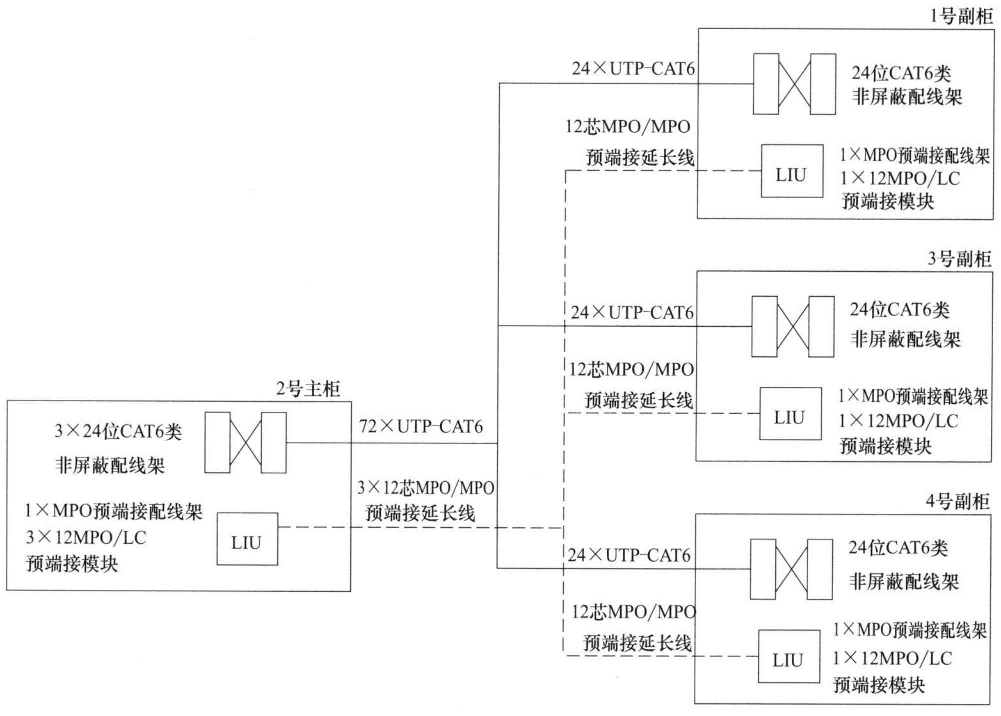

MicroD四联机综合布线系统图

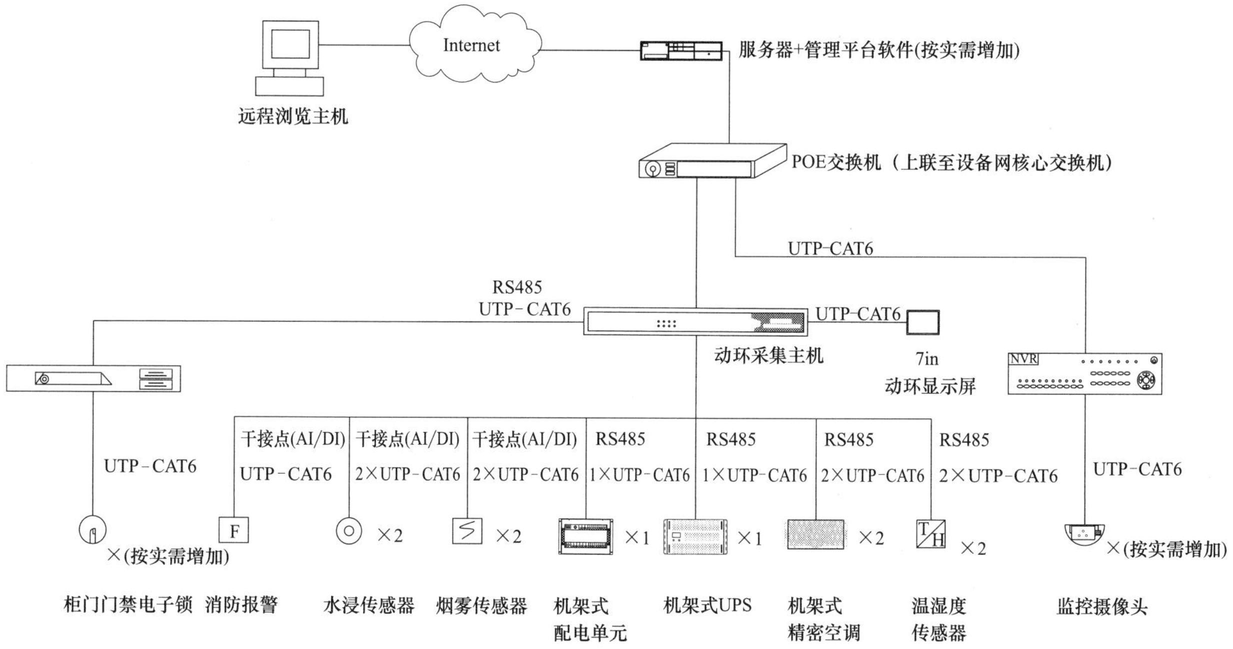

MicroD四联机动环拓扑图

注：

1. 配电单元可根据不同的柜体数量及负载情况做不同空开数量及大小的定制化调整，市电总进线电缆需一体机产品进场实施前敷设完毕。

2. 动环系统监控内容主要为配电单元的电气参数、机架式 UPS、机架式精密空调、漏水、温湿式、烟感、视频监控、门禁等功能，实现 24×365 的全面集中监控和管理，保障一体机环境及设备安全高效稳定可靠运行；基础环境监测传感器模块数量与柜体数量相关。

3. 综合布线产品可根据实际需求做增减。

MicroD 四联机系统图	图号
浙江德塔森特数据技术有限公司	MMDC3-6

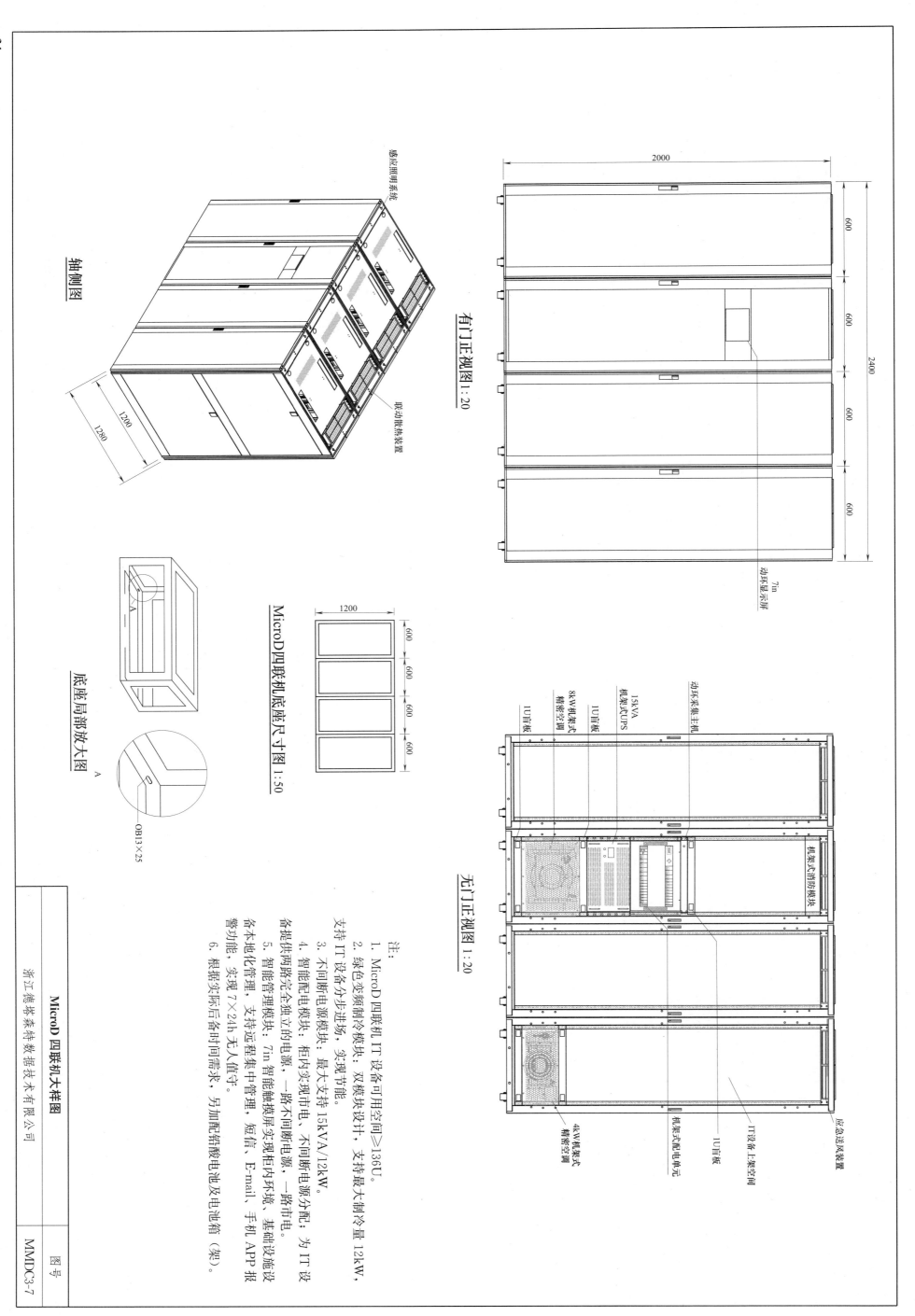

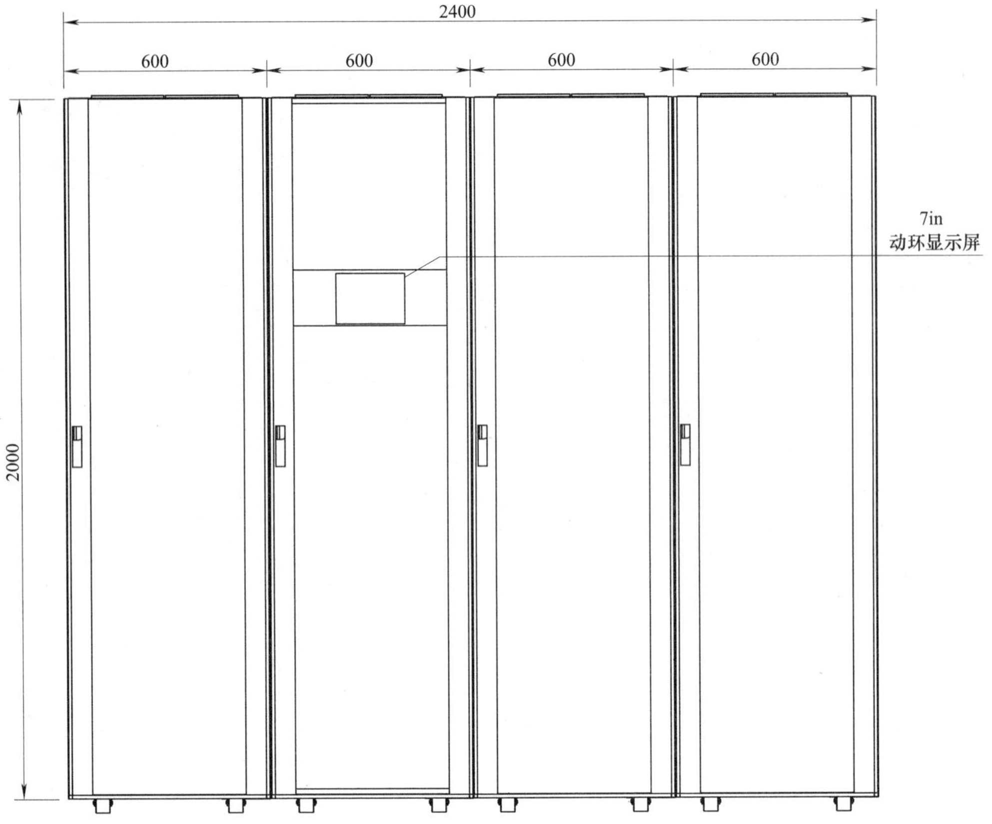

2400
600
600
600
600
2000
7in
动环显示屏

有门正视图1:20

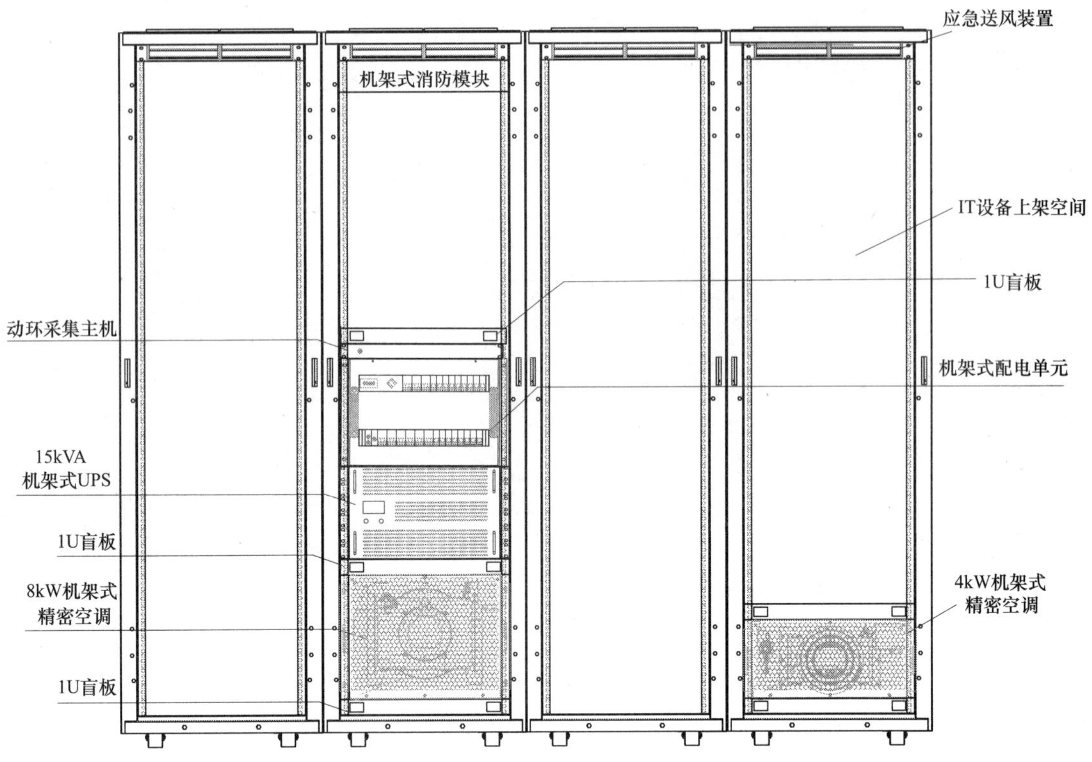

应急送风装置
机架式消防模块
IT设备上架空间
1U盲板
动环采集主机
机架式配电单元
15kVA
机架式UPS
1U盲板
8kW机架式
精密空调
4kW机架式
精密空调
1U盲板

无门正视图 1:20

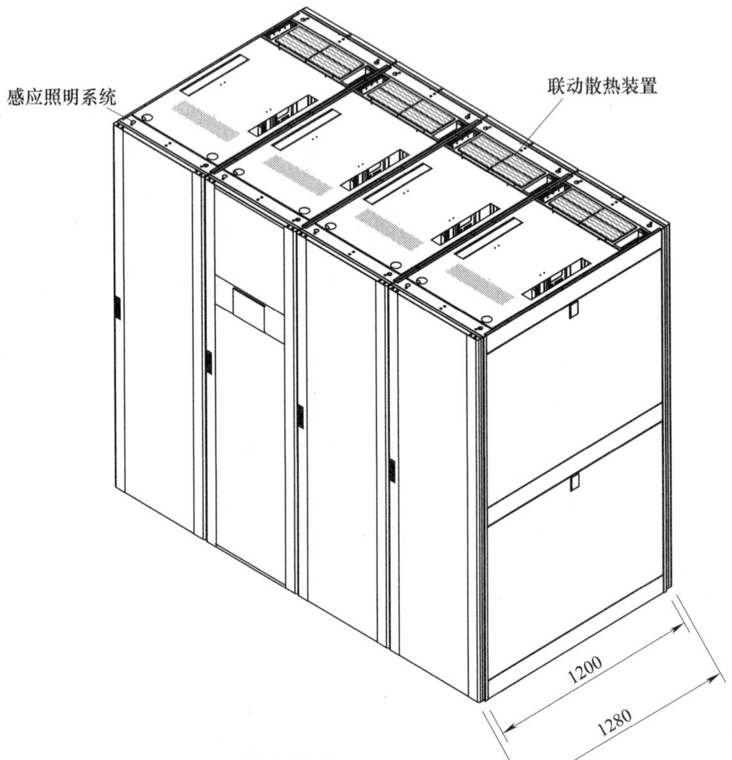

感应照明系统
联动散热装置
1200
1280

轴侧图

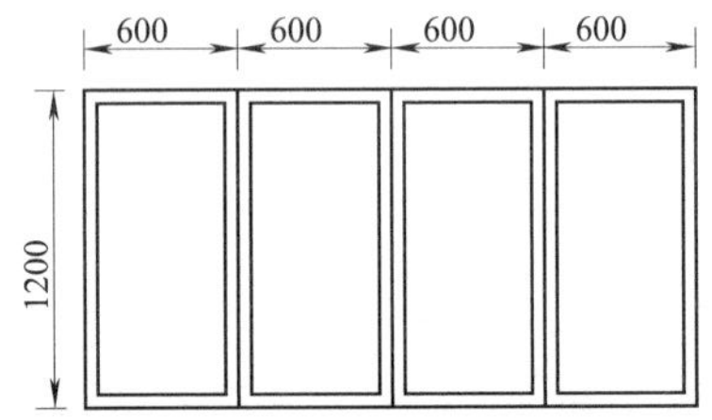

600
600
600
600
1200

MicroD四联机底座尺寸图 1:50

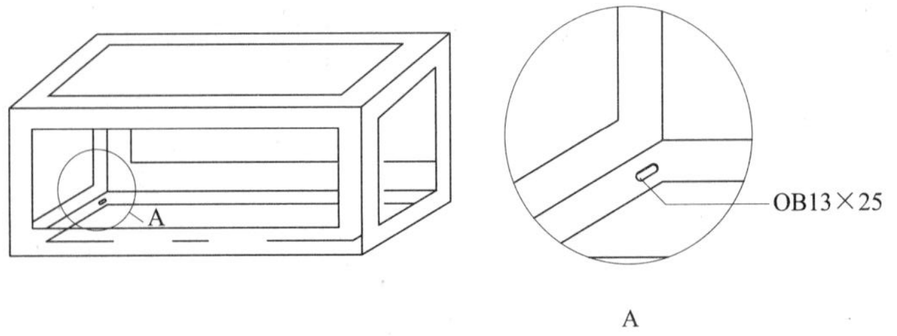

A
OB13×25
A

底座局部放大图

注：

1. MicroD 四联机 IT 设备可用空间≥136U。
2. 绿色变频制冷模块：双模块设计，支持最大制冷量 12kW，支持 IT 设备分步进场，实现节能。
3. 不间断电源模块：最大支持 15kVA/12kW。
4. 智能配电模块：柜内实现市电、不间断电源分配；为 IT 设备提供两路完全独立的电源，一路不间断电源，一路市电。
5. 智能管理模块：7in 智能触摸屏实现柜内环境、基础设施设备本地化管理，支持远程集中管理，短信、E-mail、手机 APP 报警功能，实现 7×24h 无人值守。
6. 根据实际后备时间需求，另加配铅酸电池及电池箱（架）。

MicroD 四联机大样图	图号
浙江德塔森特数据技术有限公司	MMDC3-7

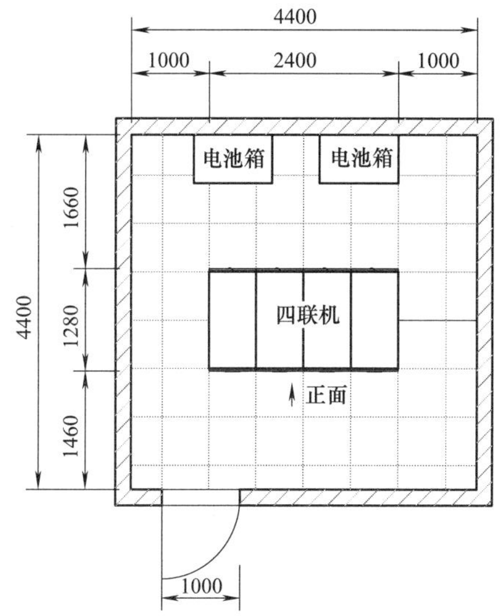
4400
1000
2400
1000
1660
1280
1460
电池箱
电池箱
四联机
正面
1000

MicroD四联机平面布局图 1:100

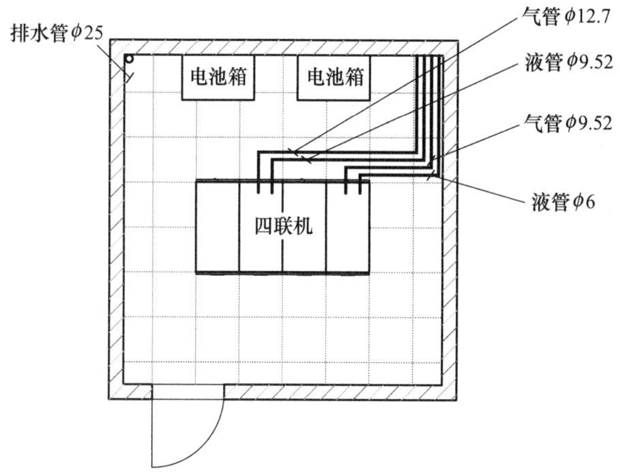
排水管φ25
气管φ12.7
液管φ9.52
气管φ9.52
液管φ6
电池箱
电池箱
四联机

MicroD四联机铜管排水管走向图 1:100

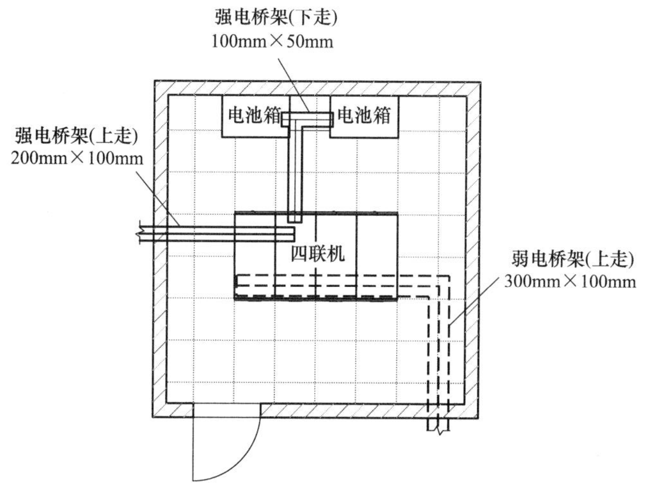
强电桥架(下走)
100mm×50mm
强电桥架(上走)
200mm×100mm
弱电桥架(上走)
300mm×100mm
电池箱
电池箱
四联机

MicroD四联机强弱电桥架示意图 1:100

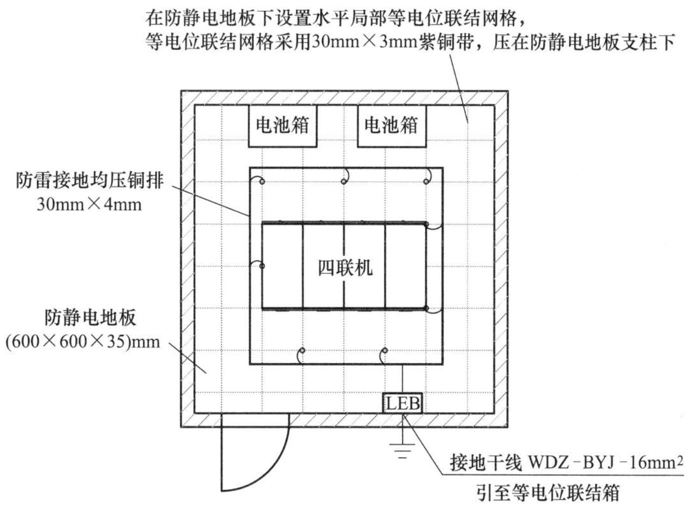
在防静电地板下设置水平局部等电位联结网格，
等电位联结网格采用30mm×3mm紫铜带，压在防静电地板支柱下
防雷接地均压铜排
30mm×4mm
防静电地板
(600×600×35)mm
电池箱
电池箱
四联机
LEB
接地干线 WDZ-BYJ-16mm²
引至等电位联结箱

MicroD四联机平面布局图 1:100

注：

1. MicroD 系列一体机单柜宽度有 600mm、800mm 两种尺寸可供选择。
2. 在空间尺寸条件有限的场景下，最小布局空间尺寸如下：
   （1）前门离墙应≥900mm；
   （2）一边侧门可靠墙放置，另一边离墙应≥600mm；后门离墙应≥600mm。
3. 图中标注的气/液管管径是管路长度在 10m 以内的规格，超出 10m，为降低系统阻力，需适当增大管径；铜管均应包好保温层，厚度≥9mm；排水管可选用 PVC 管、镀锌钢管或铝塑管；排水管必须牢固，不得有瘪管或强扭现象。
4. 等电位联结带就近与局部等电位联结箱、各类金属管道、金属线槽、建筑物金属结构进行连接；一体机采用两根不同长度的 $6mm^2$ 铜导线与等电位联结网格连接。
5. 以 50×5mm 角钢或 5 号槽钢连成底座；底架表面必须平整；底座与地面固定为 OB 孔形式，孔眼尺寸为 12.5mm×20mm，每个底座 4 个 OB 孔；底座高度应≥150mm 且需与静电地板高度相吻合。

MicroD 四联机平面图	图号
浙江德塔森特数据技术有限公司	MMDC3-8

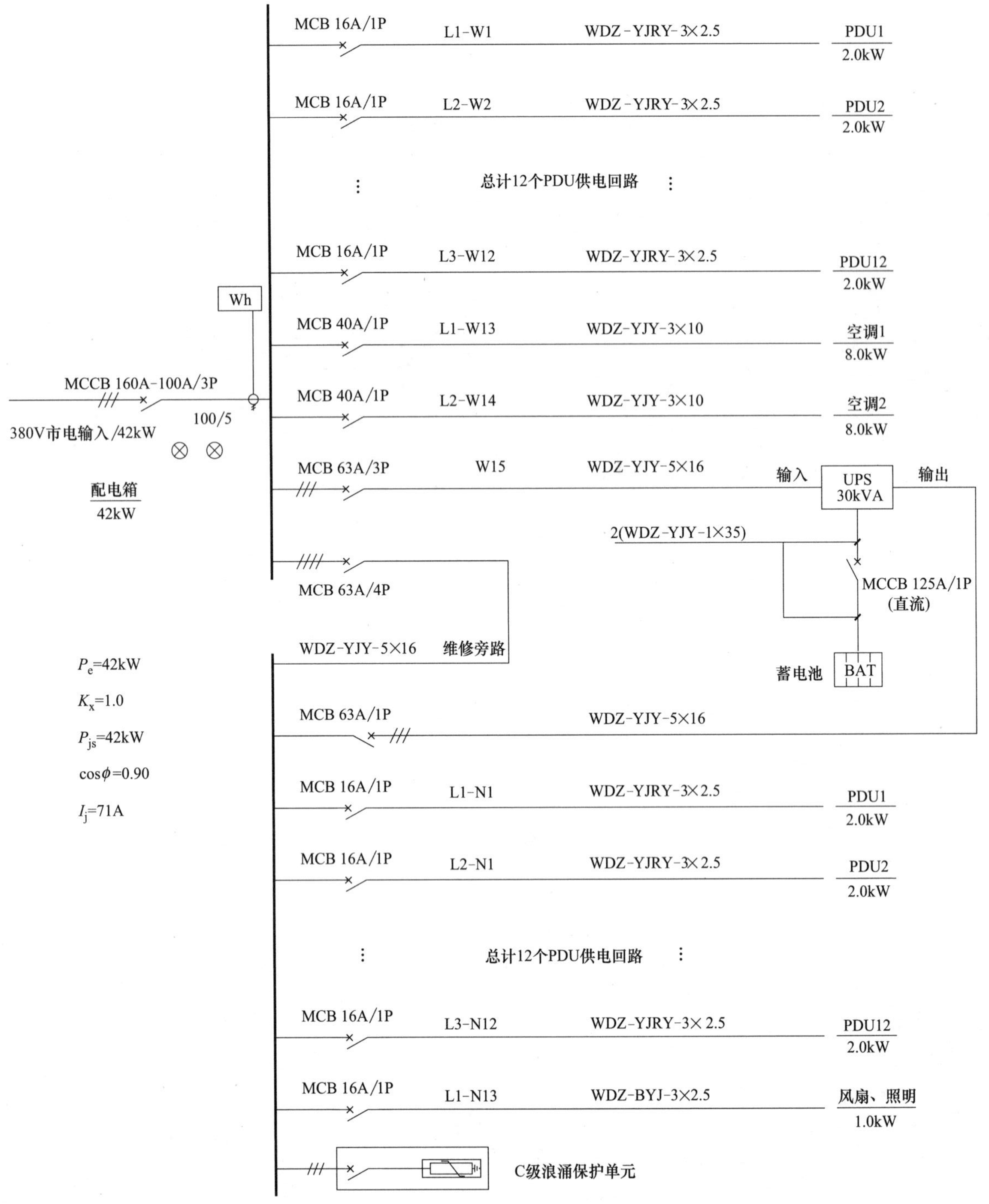

MicroD八联机配电系统图

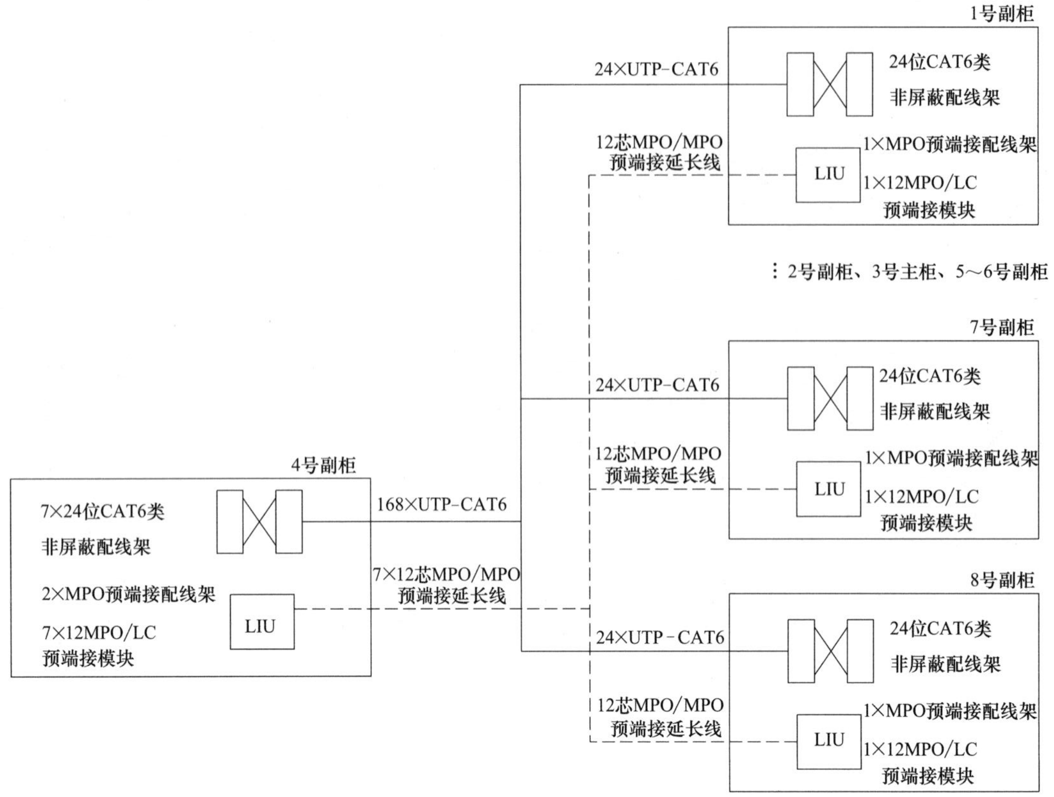

MicroD八联机综合布线系统图

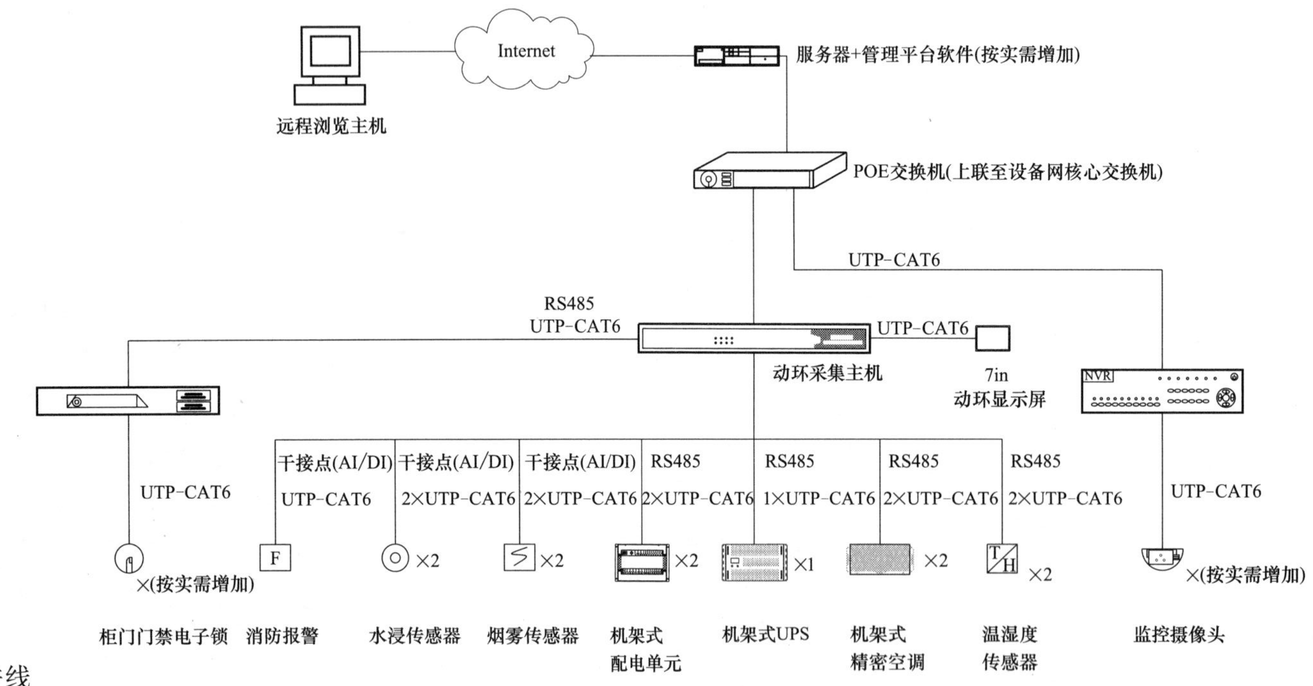

MicroD八联机动环拓扑图

注：

1. 配电单元可根据不同的柜体数量及负载情况做不同空开数量及大小的定制化调整，市电总进线电缆需一体机产品进场实施前敷设完毕。

2. 动环系统监控内容主要为配电单元的电气参数、机架式 UPS、机架式精密空调、漏水、温湿度、烟感、视频监控、门禁等功能，实现 24×365 的全面集中监控和管理，保障一体机环境及设备安全高效稳定可靠运行；基础环境监测传感器模块数量与柜体数量相关。

3. 综合布线产品可根据实际需求做增减。

MicroD 八联机系统图	图号
浙江德塔森特数据技术有限公司	MMDC3-9

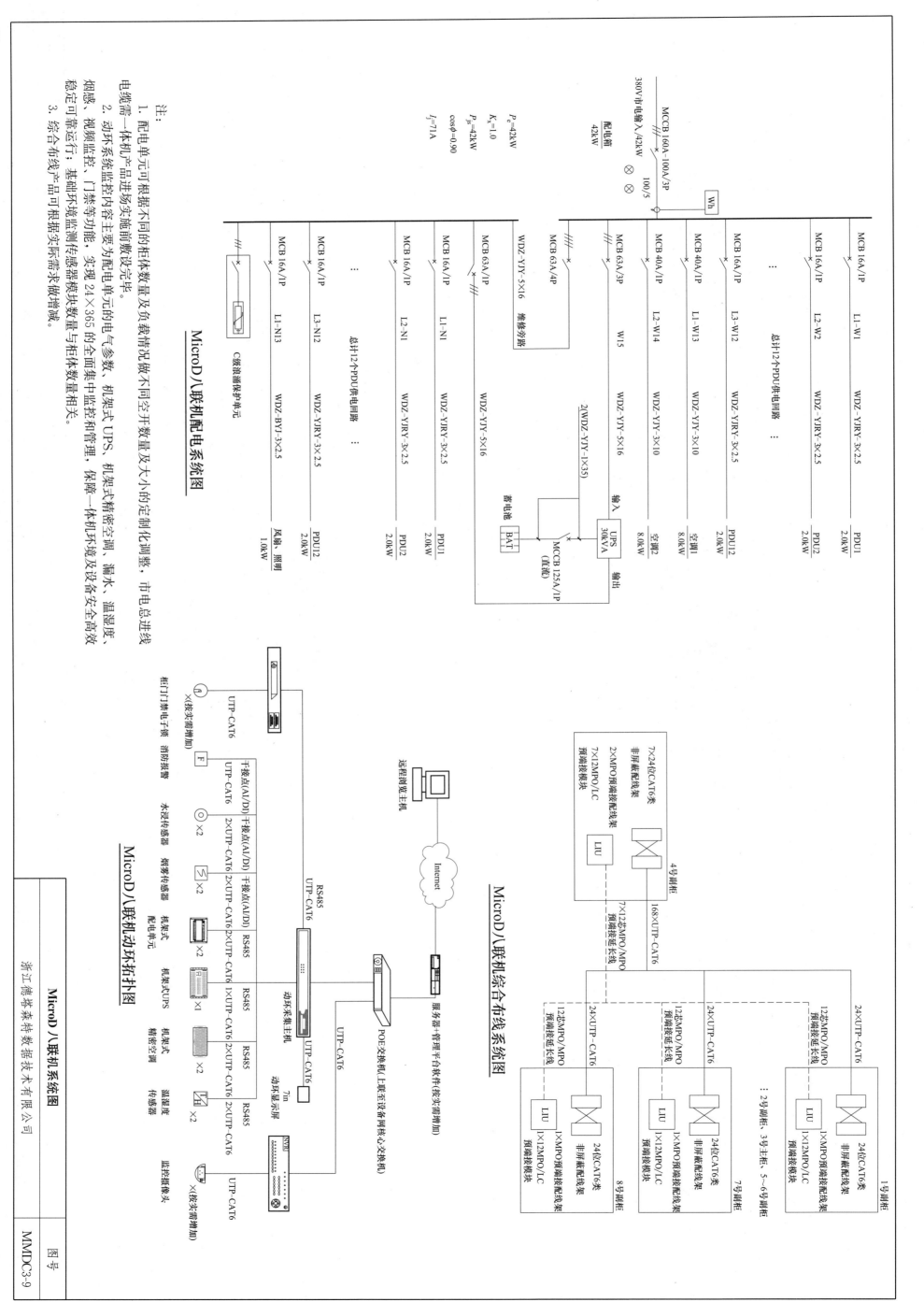

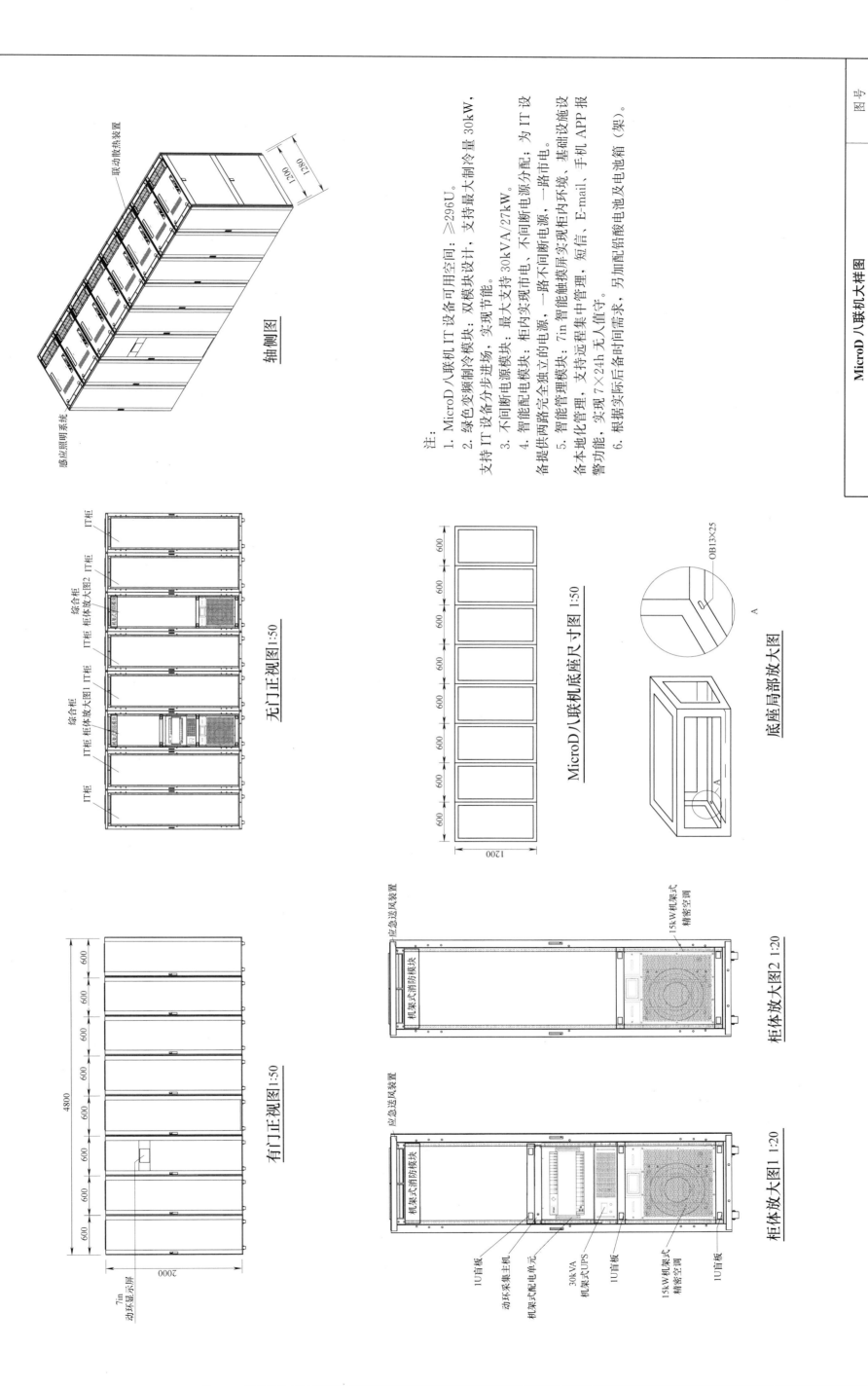

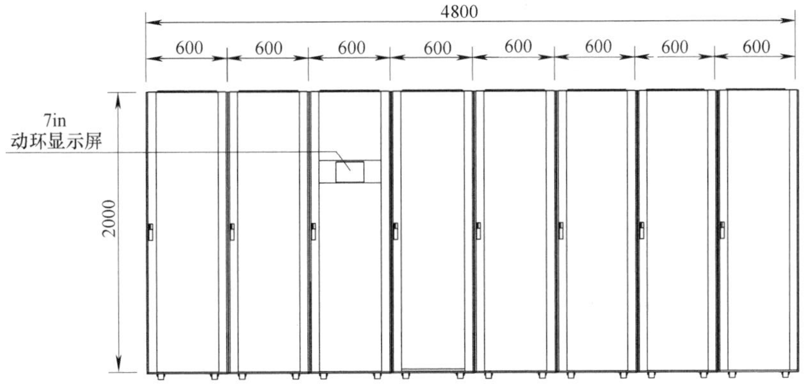
4800
600
600
600
600
600
600
600
600
7in
动环显示屏
2000

有门正视图1:50

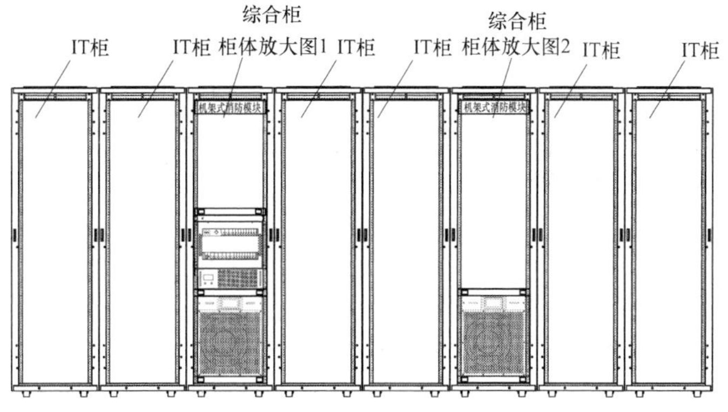
综合柜
综合柜
IT柜
IT柜
柜体放大图1
IT柜
IT柜
柜体放大图2
IT柜
IT柜

无门正视图1:50

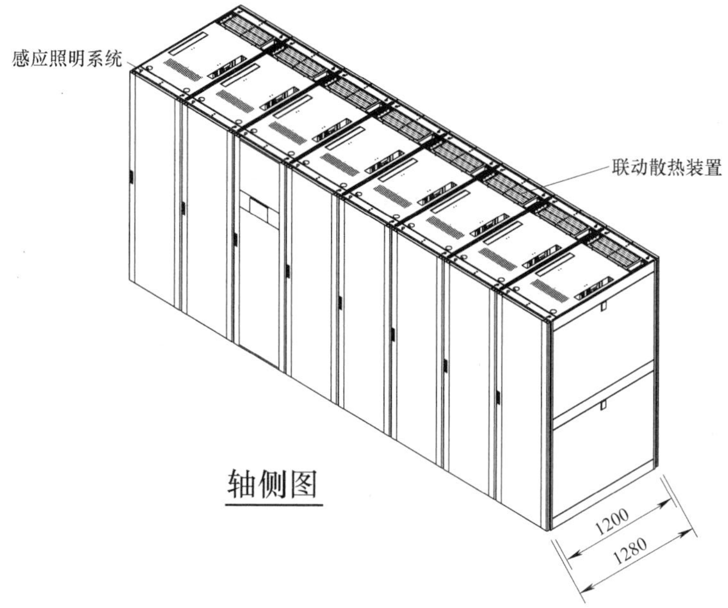
感应照明系统
联动散热装置
1200
1280

轴侧图

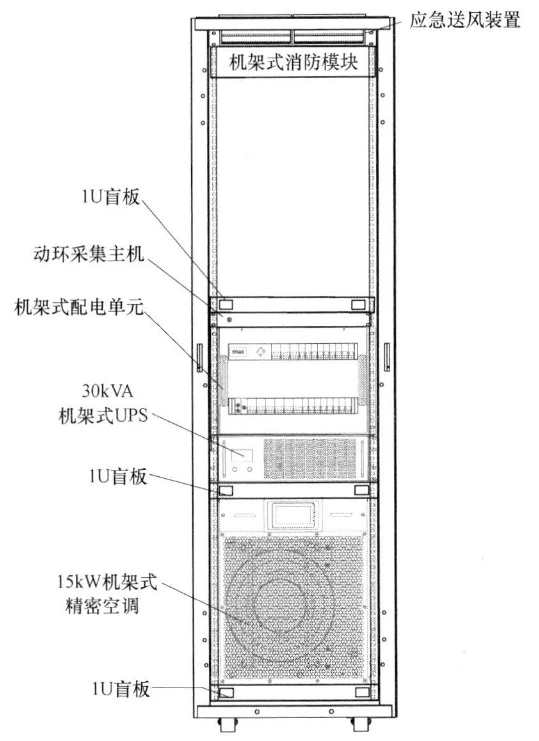
应急送风装置
机架式消防模块
1U盲板
动环采集主机
机架式配电单元
30kVA
机架式UPS
1U盲板
15kW机架式
精密空调
1U盲板

柜体放大图1 1:20

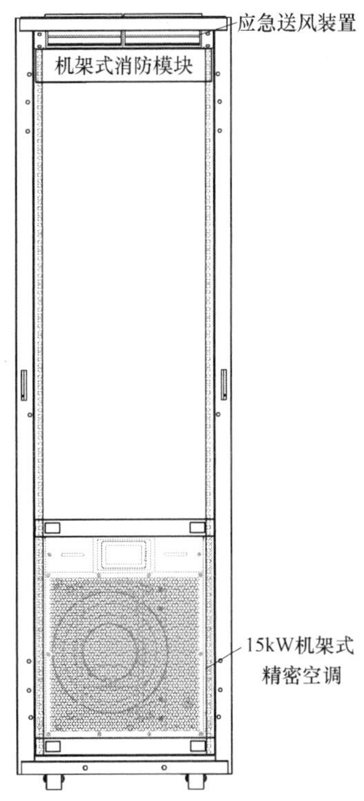
应急送风装置
机架式消防模块
15kW机架式
精密空调

柜体放大图2 1:20

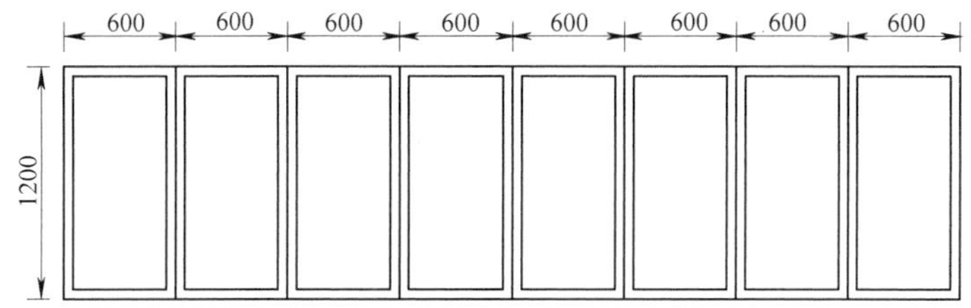
600
600
600
600
600
600
600
600
1200

MicroD八联机底座尺寸图 1:50

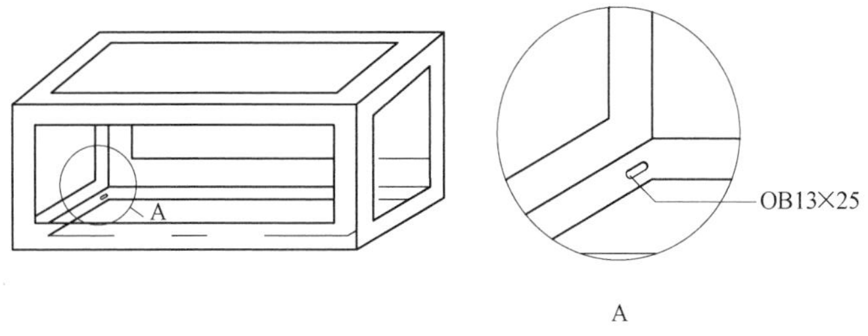
A
OB13×25
A

底座局部放大图

注：

1. MicroD 八联机 IT 设备可用空间：≥296U。
2. 绿色变频制冷模块：双模块设计，支持最大制冷量 30kW，支持 IT 设备分步进场，实现节能。
3. 不间断电源模块：最大支持 30kVA/27kW。
4. 智能配电模块：柜内实现市电、不间断电源分配；为 IT 设备提供两路完全独立的电源，一路不间断电源，一路市电。
5. 智能管理模块：7in 智能触摸屏实现柜内环境、基础设施设备本地化管理，支持远程集中管理，短信、E-mail、手机 APP 报警功能，实现 7×24h 无人值守。
6. 根据实际后备时间需求，另加配铅酸电池及电池箱（架）。

MicroD 八联机大样图	图号
浙江德塔森特数据技术有限公司	MMDC3-10

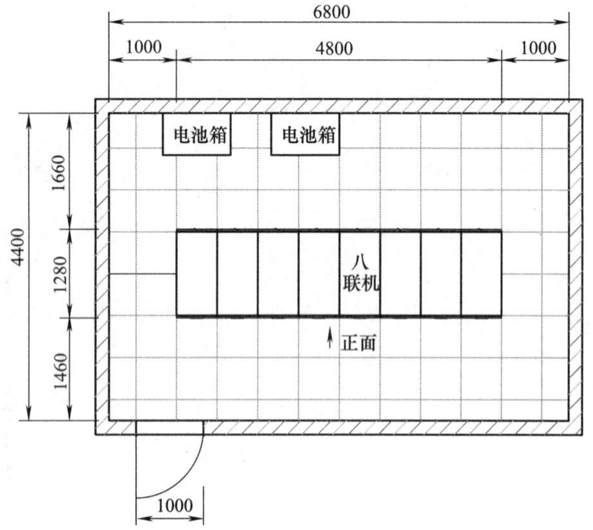
6800
1000
4800
1000
4400
1660
1280
1460
电池箱
电池箱
八
联机
正面
1000

MicroD八联机平面布局图 1:100

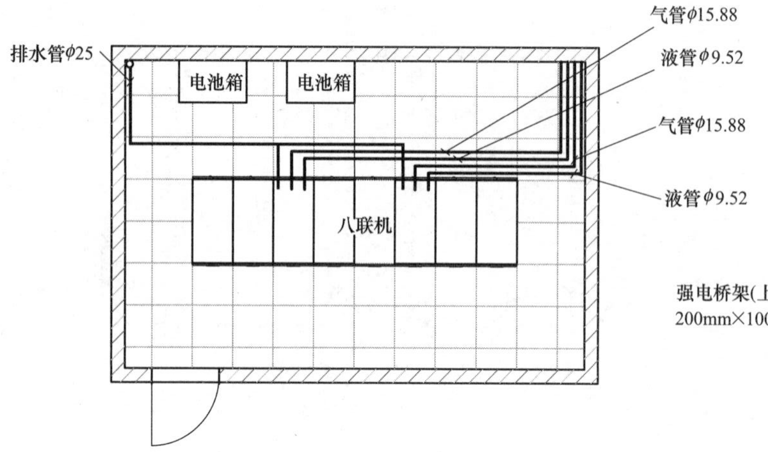
排水管φ25
气管φ15.88
液管φ9.52
气管φ15.88
液管φ9.52
电池箱
电池箱
八联机

MicroD八联机铜管排水管走向图 1:100

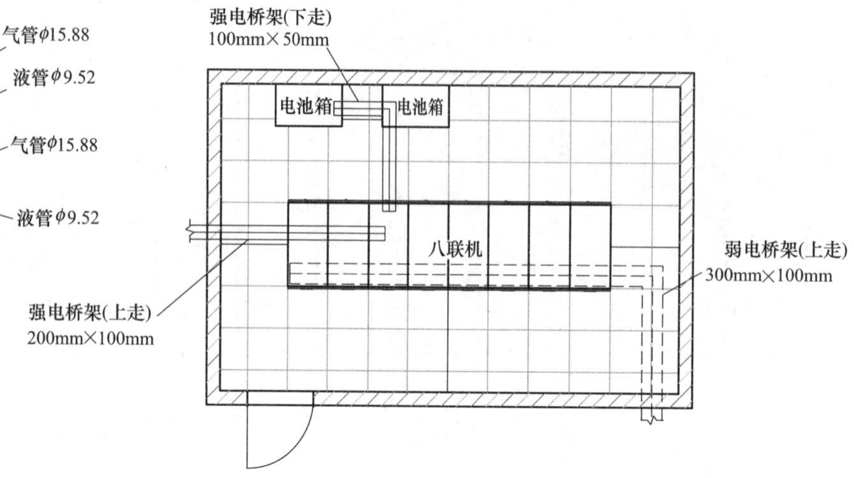
强电桥架(下走)
100mm×50mm
电池箱
电池箱
八联机
弱电桥架(上走)
300mm×100mm
强电桥架(上走)
200mm×100mm

MicroD八联机强弱电桥架示意图 1:100

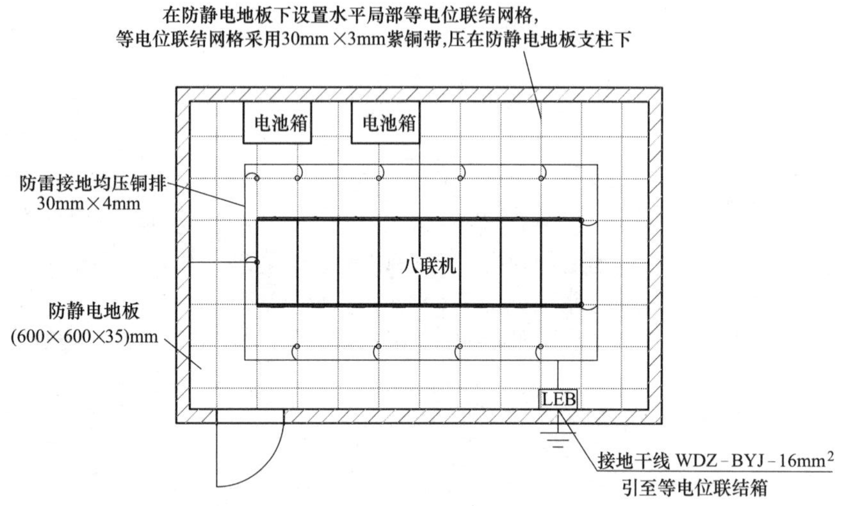
在防静电地板下设置水平局部等电位联结网格，
等电位联结网格采用30mm×3mm紫铜带，压在防静电地板支柱下
电池箱
电池箱
防雷接地均压铜排
30mm×4mm
八联机
防静电地板
(600×600×35)mm
LEB
接地干线 WDZ-BYJ-16mm²
引至等电位联结箱

MicroD八联机防雷接地布置示意图 1:100

注：

1. MicroD 系列一体机单柜宽度有 600mm、800mm 两种尺寸可供选择。
2. 在空间尺寸条件有限的场景下，最小布局空间尺寸如下：
   （1）前门离墙应≥900mm；
   （2）一边侧门可靠墙放置，另一边离墙应≥600mm；后门离墙应≥600mm。
3. 图中标注的气/液管管径是管路长度在 10m 以内的规格，超出 10m，为降低系统阻力，需适当增大管径；铜管均应包好保温层，厚度≥9mm；排水管可选用 PVC 管、镀锌钢管或铝塑管；排水管必须牢固，不得有瘪管或强扭现象。
4. 等电位联结带就近与局部等电位联结箱、各类金属管道、金属线槽、建筑物金属结构进行连接；一体机采用两根不同长度的 $6mm^2$ 铜导线与等电位联结网格连接。
5. 以 50×5mm 角钢或 5 号槽钢连成底座；底架表面必须平整；底座与地面固定为 OB 孔形式，孔眼尺寸为 12.5mm×20mm，每个底座 4 个 OB 孔；底座高度应≥150mm 且需与静电地板高度相吻合。

MicroD 八联机平面图	图号
浙江德塔森特数据技术有限公司	MMDC3-11

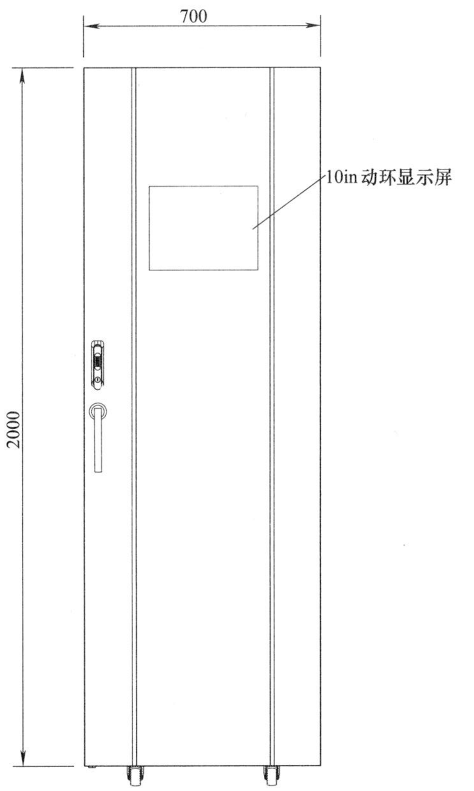
700
2000
10in 动环显示屏

有门正视图 1:20

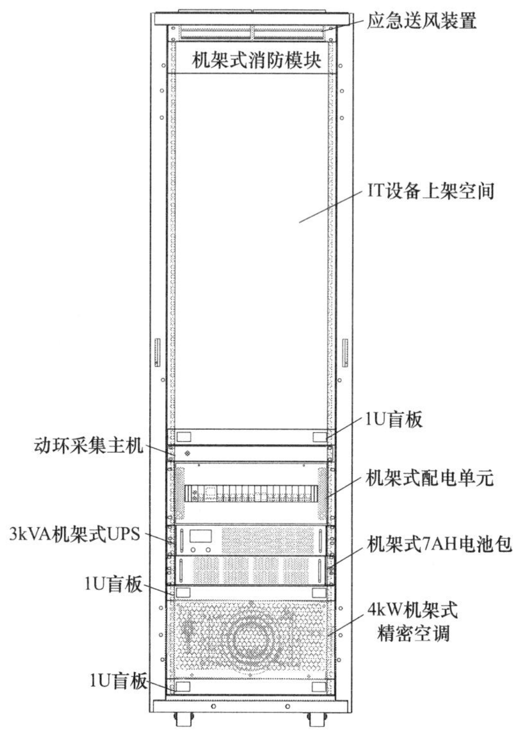
应急送风装置
机架式消防模块
IT设备上架空间
1U盲板
动环采集主机
机架式配电单元
3kVA机架式UPS
机架式7AH电池包
1U盲板
4kW机架式
精密空调
1U盲板

无门正视图 1:20

感应照明系统
1200
1350

轴侧图

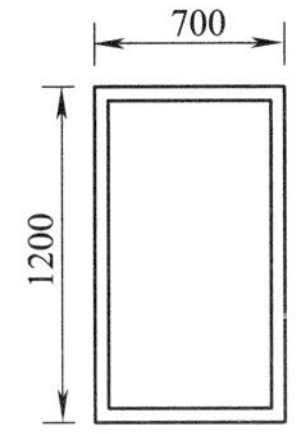
700
1200

SecuC单体机底座尺寸图 1:50

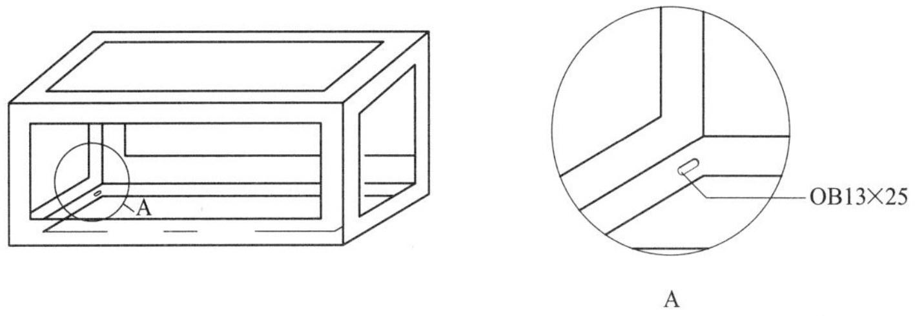
A
OB13×25
A

底座局部放大图

注：

1. SecuC 单体机 IT 设备可用空间≥25U。
2. 绿色变频制冷模块：支持最大制冷量 4kW。
3. 不间断电源模块：最大支持 3kVA/2.4kW。
4. 智能配电模块：柜内实现市电、不间断电源分配；为 IT 设备提供两路完全独立的电源，一路不间断电源，一路市电。
5. 智能管理模块：7in 智能触摸屏实现柜内环境、基础设施设备本地化管理，支持远程集中管理，短信、E-mail、手机 APP 报警功能，实现 7×24h 无人值守。
6. 后备时间：5～20min，根据实际需要另加配电池包或铅酸电池及电池箱（架）。

SecuC 单体机大样图	图号
浙江德塔森特数据技术有限公司	MMDC3-12

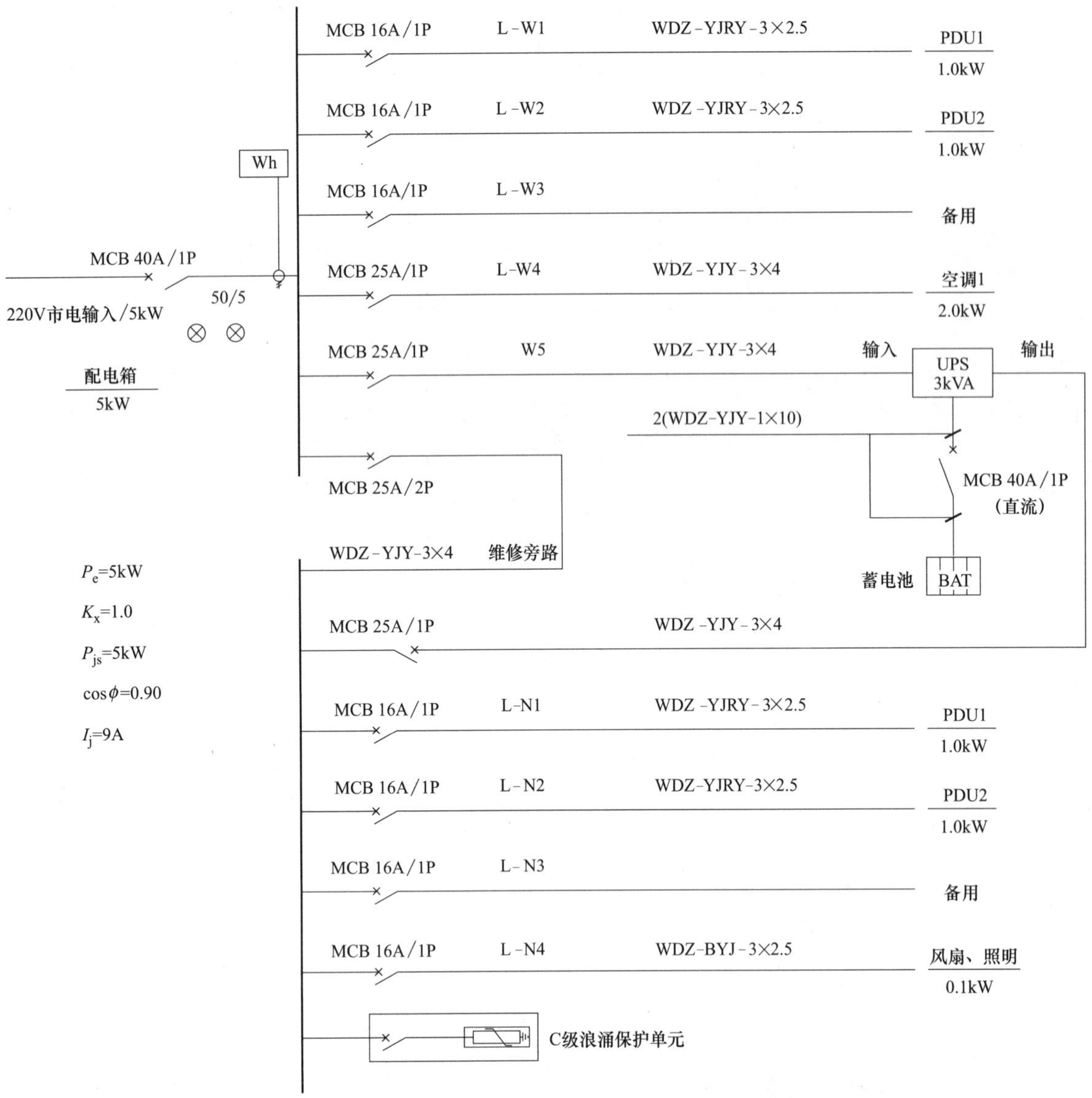
MCB 16A/1P L-W1 WDZ-YJRY-3×2.5 PDU1 1.0kW
MCB 16A/1P L-W2 WDZ-YJRY-3×2.5 PDU2 1.0kW
MCB 16A/1P L-W3 备用
MCB 25A/1P L-W4 WDZ-YJY-3×4 空调1 2.0kW
MCB 25A/1P W5 WDZ-YJY-3×4 输入 UPS 3kVA 输出
2(WDZ-YJY-1×10)
MCB 40A/1P (直流)
蓄电池 BAT
MCB 25A/2P
WDZ-YJY-3×4 维修旁路
MCB 25A/1P WDZ-YJY-3×4
MCB 16A/1P L-N1 WDZ-YJRY-3×2.5 PDU1 1.0kW
MCB 16A/1P L-N2 WDZ-YJRY-3×2.5 PDU2 1.0kW
MCB 16A/1P L-N3 备用
MCB 16A/1P L-N4 WDZ-BYJ-3×2.5 风扇、照明 0.1kW
C级浪涌保护单元
Wh
MCB 40A/1P
50/5
220V市电输入/5kW
配电箱
5kW
Pe=5kW
Kx=1.0
Pjs=5kW
cosφ=0.90
Ij=9A

SecuC单体机配电系统图

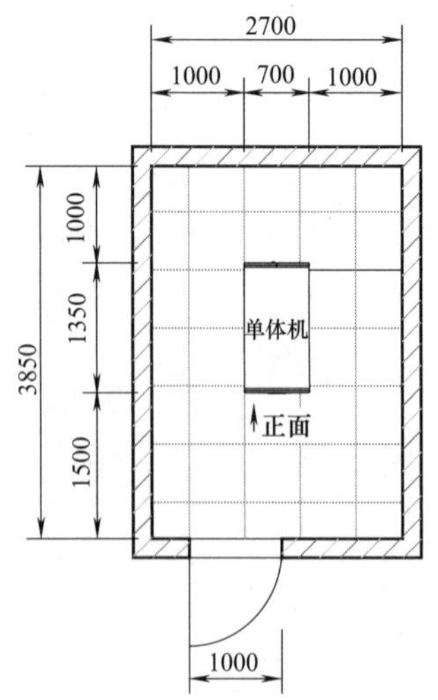
2700
1000 700 1000
3850
1000
1350
1500
单体机
正面
1000

SecuC单体机平面布局图 1:100

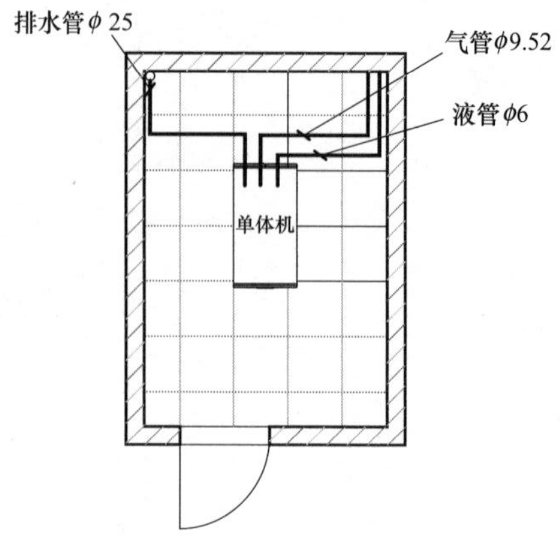
排水管φ 25
气管φ9.52
液管φ6
单体机

SecuC单体机铜管排水管走向图 1:100

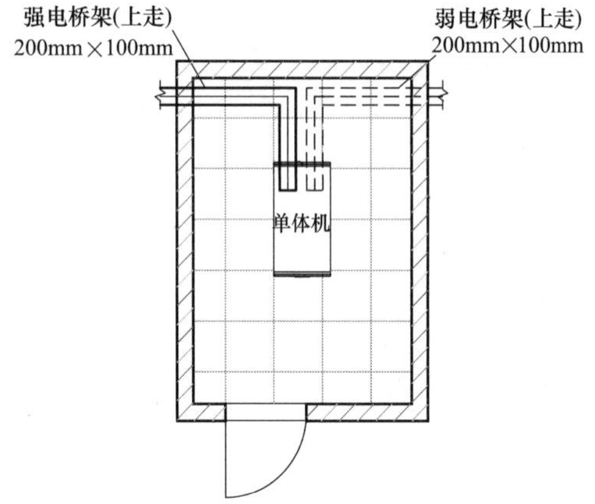
强电桥架(上走)
200mm×100mm
弱电桥架(上走)
200mm×100mm
单体机

SecuC单体机强弱电桥架走向图 1:100

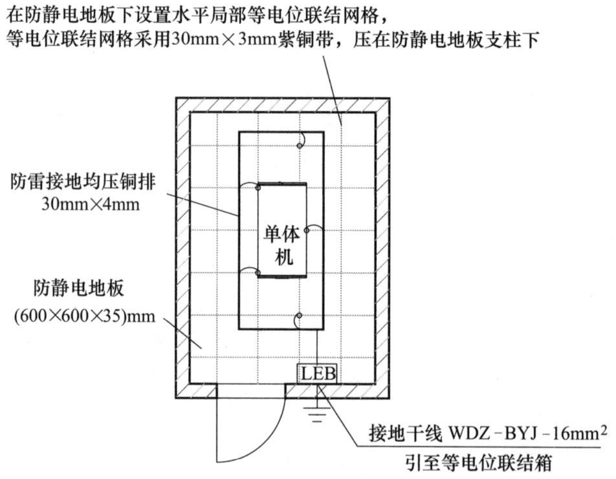
在防静电地板下设置水平局部等电位联结网格，
等电位联结网格采用30mm×3mm紫铜带，压在防静电地板支柱下
防雷接地均压铜排
30mm×4mm
防静电地板
(600×600×35)mm
单体机
LEB
接地干线 WDZ-BYJ-16mm2
引至等电位联结箱

SecuC单体机防雷接地布置示意图 1:100

备注：

1. SecuC 单体机柜体宽度为 700mm，深度为 1350mm，在空间尺寸条件有限的场景下，最小布局空间尺寸如下：

（1）前门离墙应≥900mm；

（2）一边侧门可靠墙放置，另一边离墙应≥600mm；后门离墙应≥700mm。

2. 图中标注的气/液管管径是管路长度在 10m 以内的规格，超出 10m，为降低系统阻力，需适当增大管径；铜管均应包好保温层，厚度≥9mm；排水管可选用 PVC 管、镀锌钢管或铝塑管；排水管必须牢固，不得有瘪管或强扭现象。

3. 等电位联结带就近与局部等电位联结箱、各类金属管道、金属线槽、建筑物金属结构进行连接；一体机采用两根不同长度的 $6mm^2$ 铜导线与等电位联结网格连接。

4. 配电单元可根据不同的柜体数量可做不同空开数量及大小的定制化调整，市电总进线电缆需一体机产品进场实施前敷设完毕。

SecuC 单体机系统及平面图	图号
浙江德塔森特数据技术有限公司	MMDC3-13

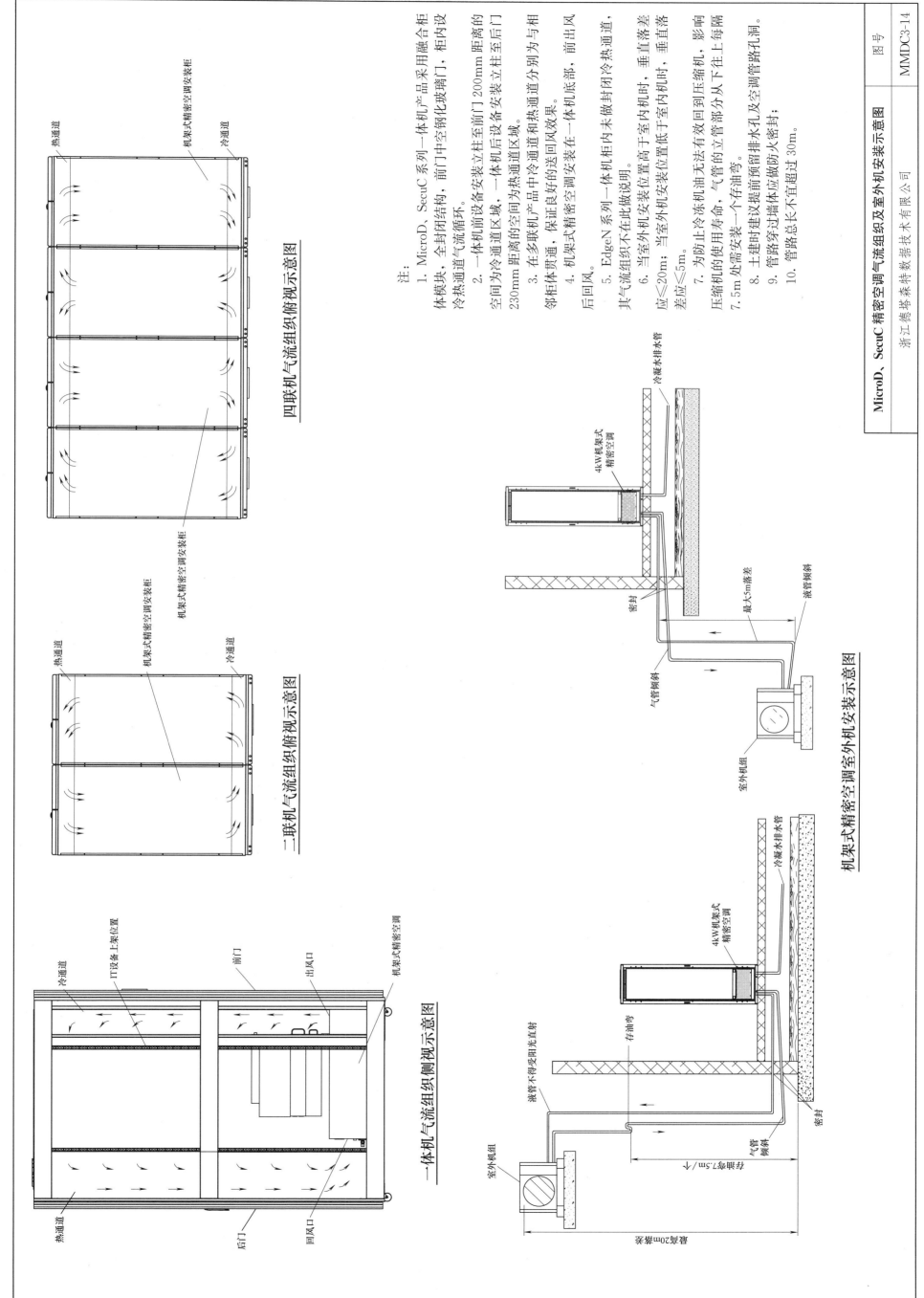

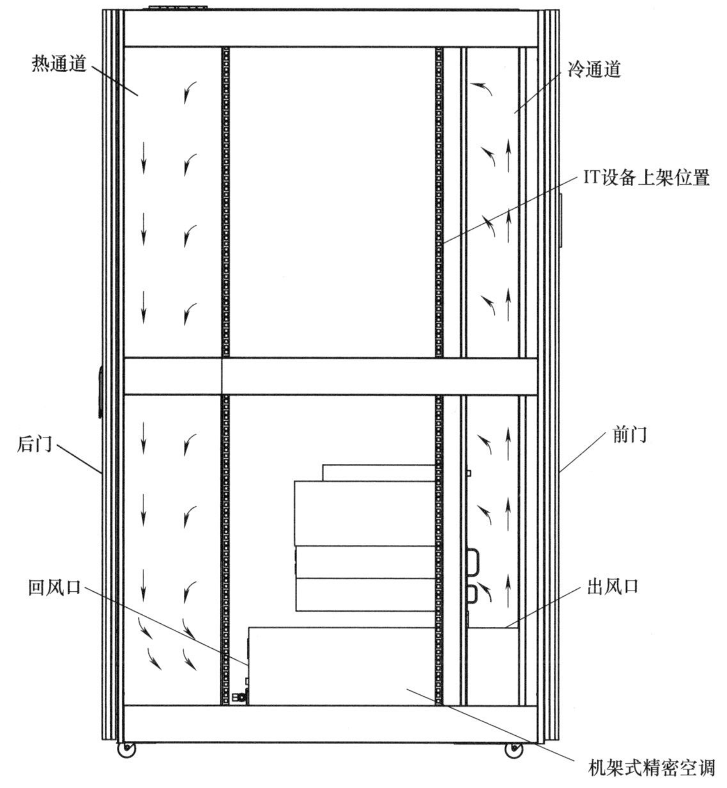
热通道
冷通道
IT设备上架位置
后门
前门
回风口
出风口
机架式精密空调

一体机气流组织侧视示意图

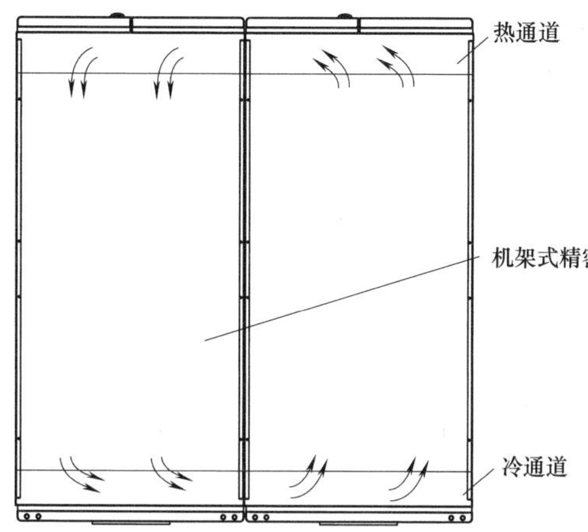
热通道
机架式精密空调安装柜
冷通道

二联机气流组织俯视示意图

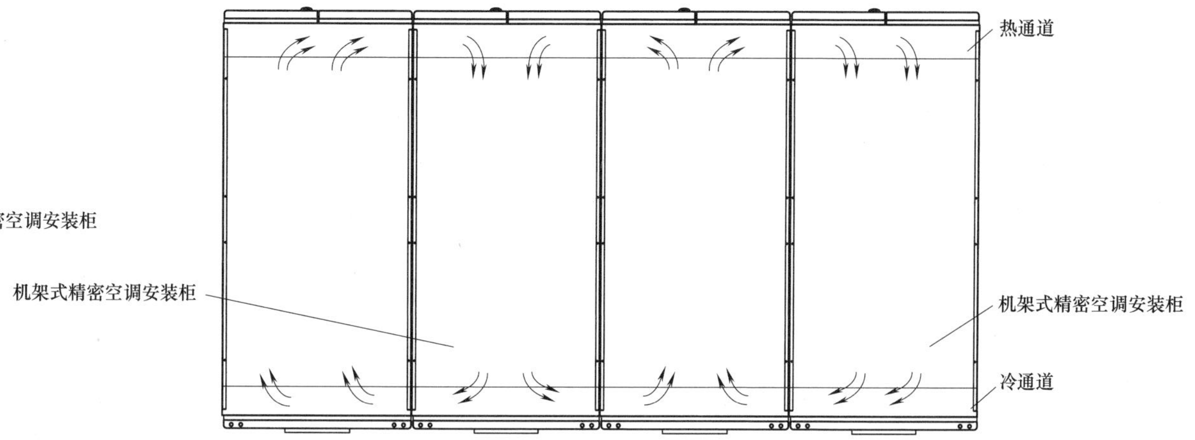
热通道
机架式精密空调安装柜
机架式精密空调安装柜
冷通道

四联机气流组织俯视示意图

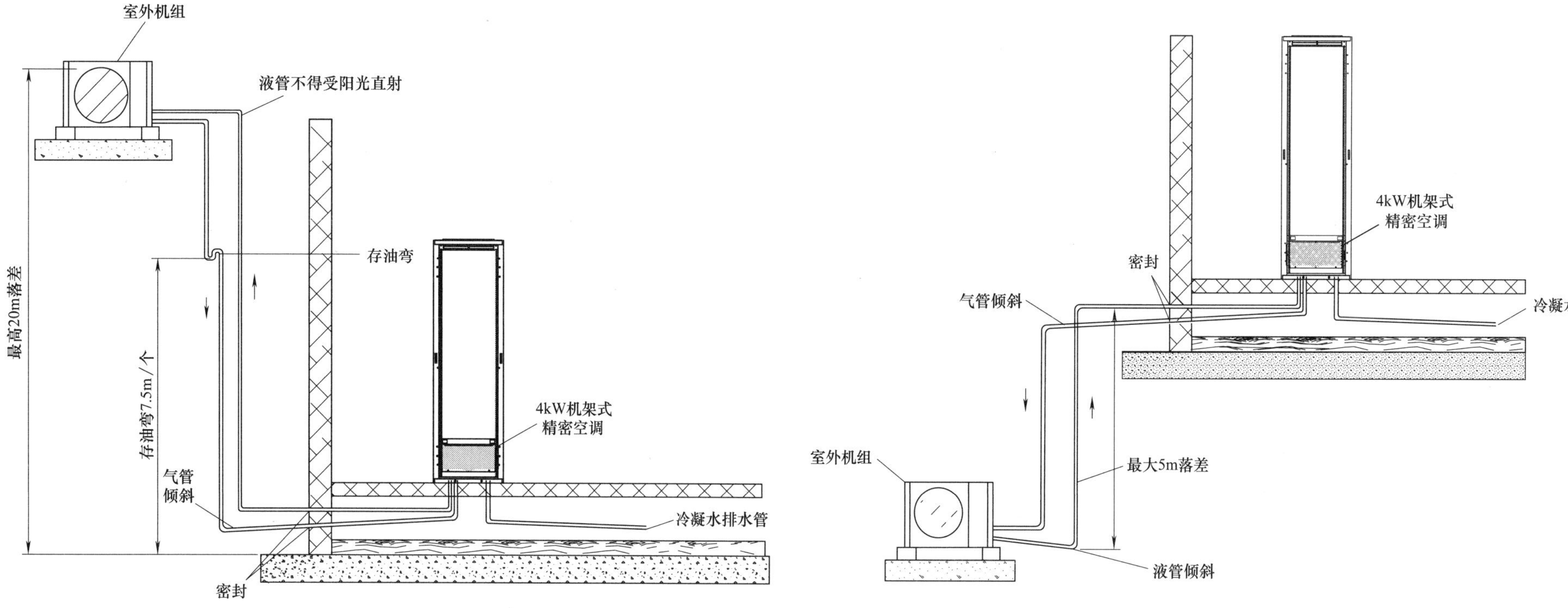
室外机组
液管不得受阳光直射
存油弯
最高20m落差
存油弯7.5m/个
4kW机架式
精密空调
气管
倾斜
冷凝水排水管
密封
4kW机架式
精密空调
密封
气管倾斜
冷凝水排水管
室外机组
最大5m落差
液管倾斜

机架式精密空调室外机安装示意图

注：

1. MicroD、SecuC 系列一体机产品采用融合柜体模块，全封闭结构，前门中空钢化玻璃门，柜内设冷热通道气流循环。

2. 一体机前设备安装立柱至前门 200mm 距离的空间为冷通道区域，一体机后设备安装立柱至后门 230mm 距离的空间为热通道区域。

3. 在多联机产品中冷通道和热通道分别为与相邻柜体贯通，保证良好的送回风效果。

4. 机架式精密空调安装在一体机底部，前出风后回风。

5. EdgeN 系列一体机柜内未做封闭冷热通道，其气流组织不在此做说明。

6. 当室外机安装位置高于室内机时，垂直落差应≤20m；当室外机安装位置低于室内机时，垂直落差应≤5m。

7. 为防止冷冻机油无法有效回到压缩机，影响压缩机的使用寿命，气管的立管部分从下往上每隔 7.5m 处需安装一个存油弯。

8. 土建时建议提前预留排水孔及空调管路孔洞。

9. 管路穿过墙体应做防火密封；

10. 管路总长不宜超过 30m。

MicroD、SecuC 精密空调气流组织及室外机安装示意图	图号
浙江德塔森特数据技术有限公司	MMDC3-14

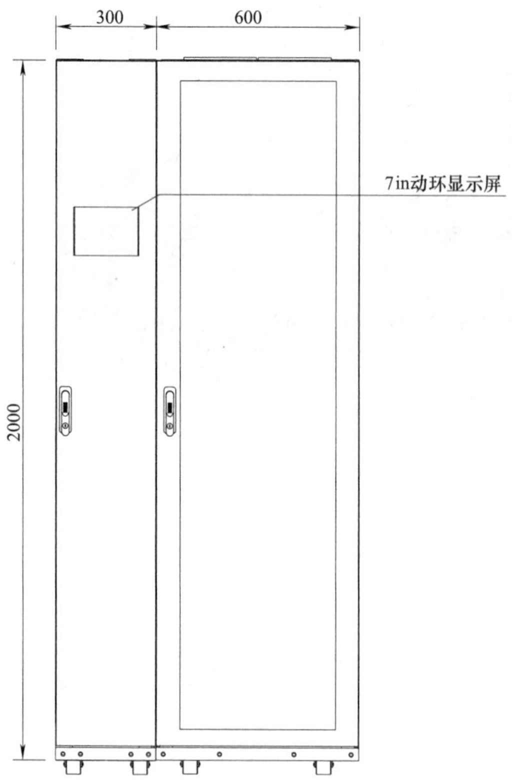
300
600
2000
7in动环显示屏

有门正视图 1:20

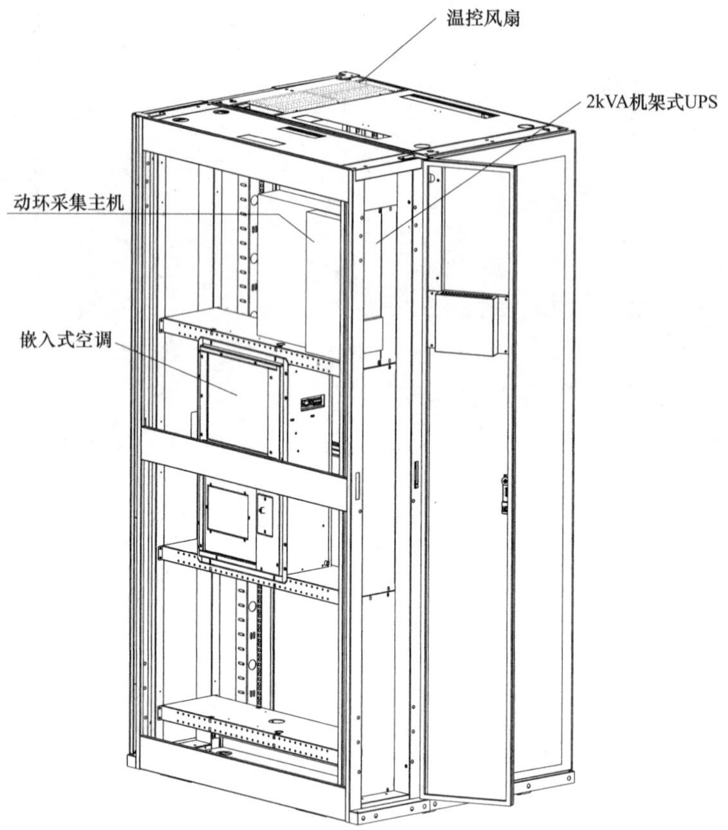
温控风扇
2kVA机架式UPS
动环采集主机
嵌入式空调

无门轴侧图

800

轴侧图

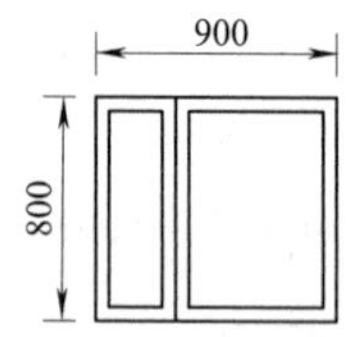
900
800

EdgeN-B型底座尺寸图 1:50

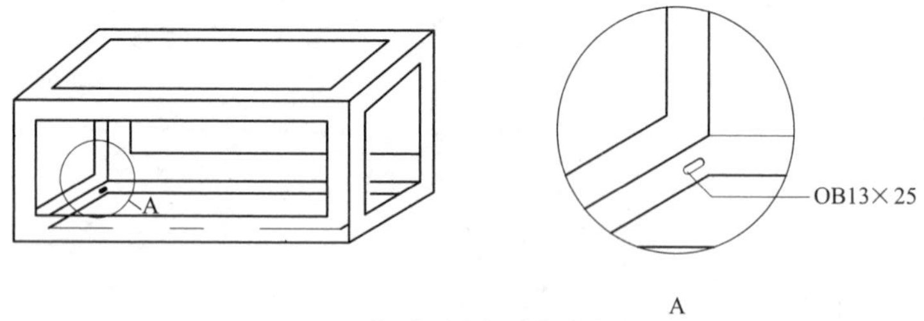
A
OB13×25
A

底座局部放大图

注：

1. EdgeN 单体机 IT 设备可用空间：≥42U。
2. 侧门嵌入式制冷模块，支持最大制冷量 2kW。
3. 不间断电源模块支持最大 2kVA/1.6kW 实际设备负载，内置电池包后备时间 5～10min，双 PDU 电源插座。
4. 嵌入式动环监控主机，实现柜内环境、基础设施设备远程集中管理，支持短信、E-mail、手机 APP 报警功能，实现 7×24h 无人值守。

EdgeN 单体机大样图	图号
浙江德塔森特数据技术有限公司	MMDC3-15

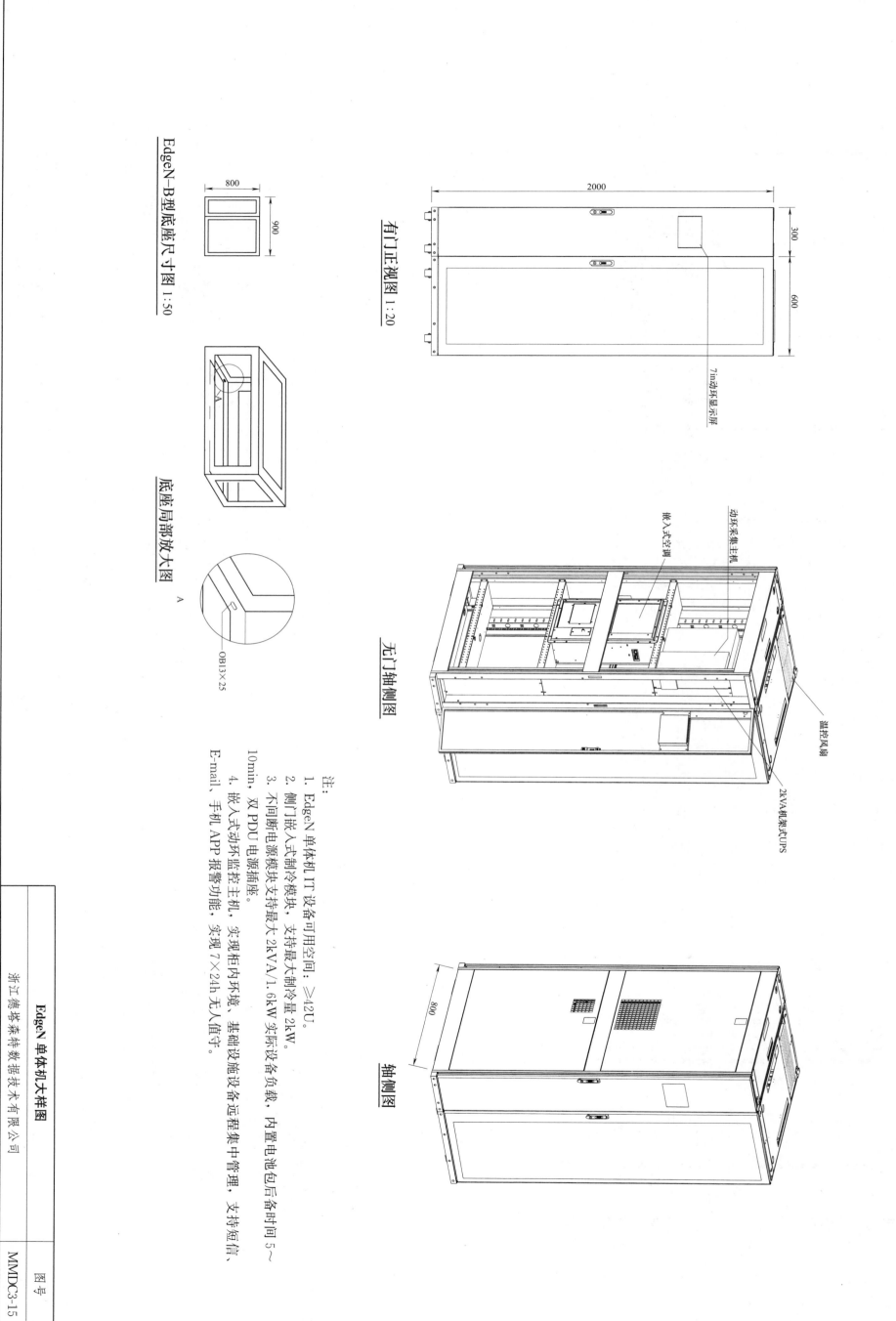

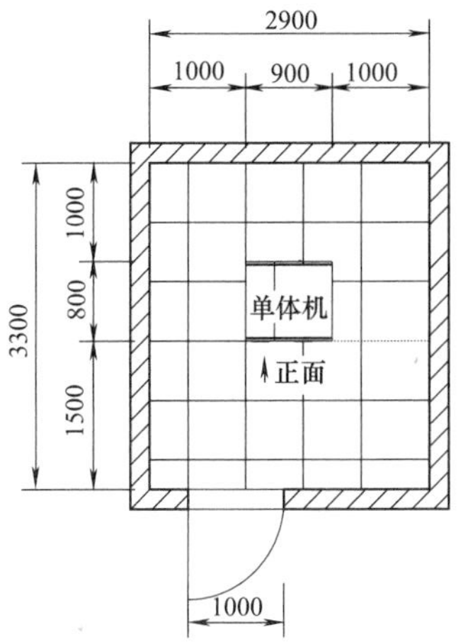
2900
1000
900
1000
3300
1000
800
1500
单体机
正面
1000

EdgeN-B型单体机平面布局图 1:100

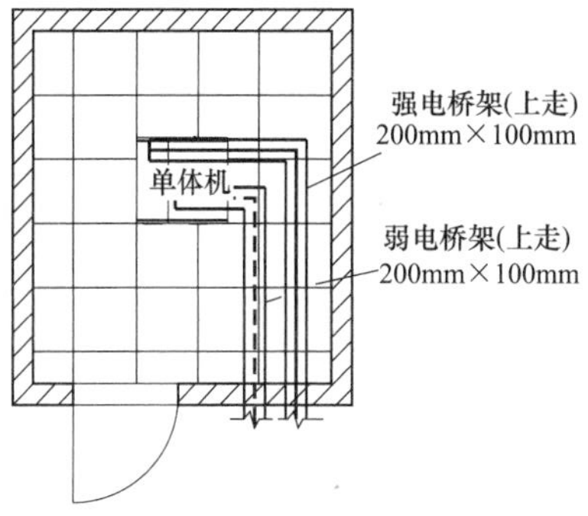
单体机
强电桥架(上走)
200mm×100mm
弱电桥架(上走)
200mm×100mm

EdgeN-B型单体机强弱电桥架走向图 1:100

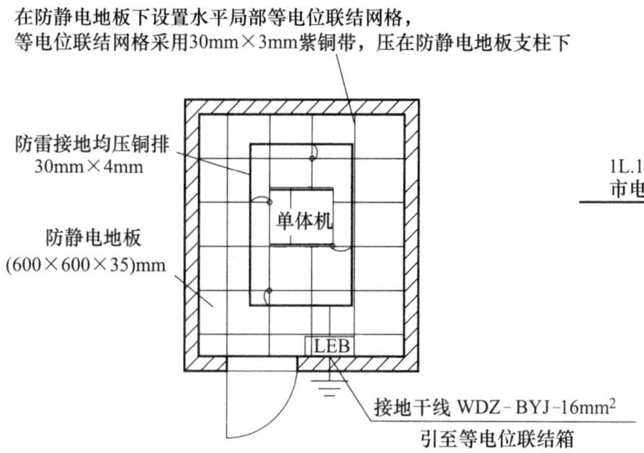
在防静电地板下设置水平局部等电位联结网格，
等电位联结网格采用30mm×3mm紫铜带，压在防静电地板支柱下
防雷接地均压铜排
30mm×4mm
防静电地板
(600×600×35)mm
单体机
LEB
接地干线 WDZ-BYJ-16mm²
引至等电位联结箱

EdgeN-B型单体机防雷接地布置示意图 1:100

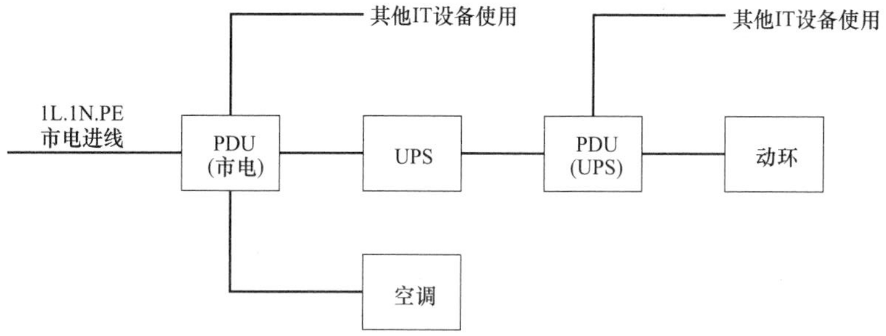
1L.1N.PE
市电进线
PDU
(市电)
其他IT设备使用
UPS
PDU
(UPS)
其他IT设备使用
动环
空调

EdgeN-B型单体机配电示意图

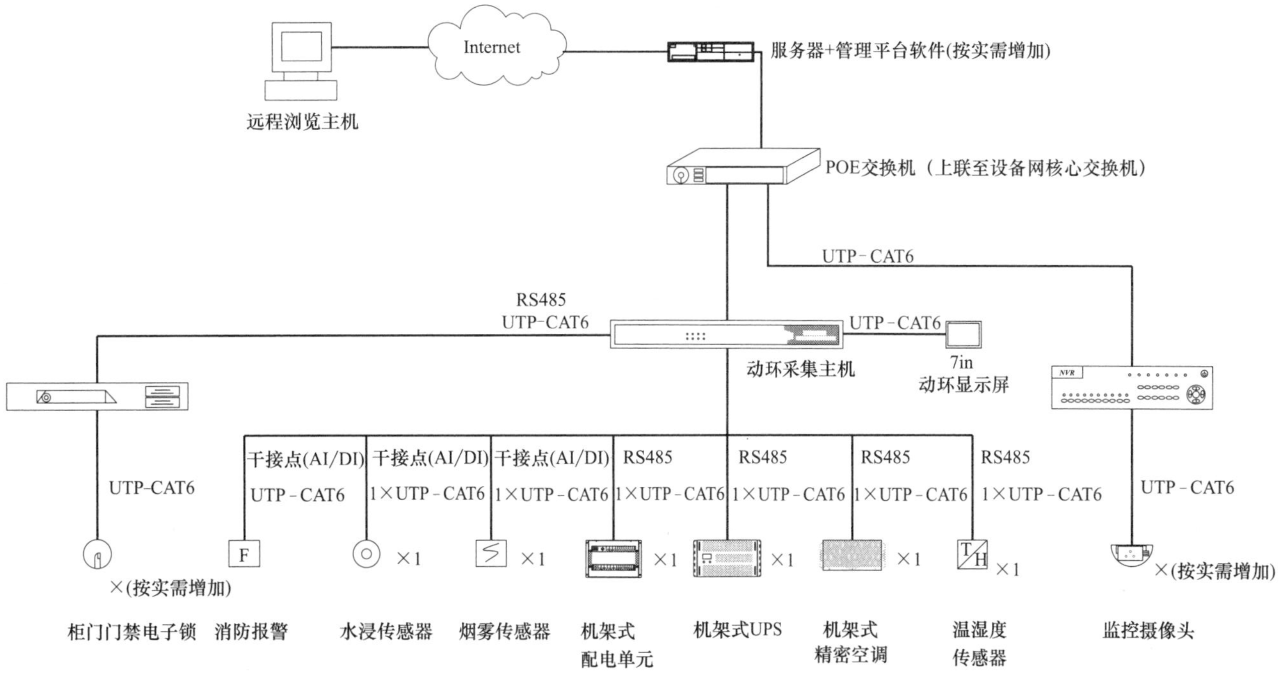
远程浏览主机
Internet
服务器+管理平台软件(按实需增加)
POE交换机（上联至设备网核心交换机）
UTP-CAT6
RS485
UTP-CAT6
UTP-CAT6
动环采集主机
7in
动环显示屏
UTP-CAT6
干接点(AI/DI)
UTP-CAT6
干接点(AI/DI)
1×UTP-CAT6
干接点(AI/DI)
1×UTP-CAT6
RS485
1×UTP-CAT6
RS485
1×UTP-CAT6
RS485
1×UTP-CAT6
RS485
1×UTP-CAT6
UTP-CAT6
×(按实需增加)
×1
×1
×1
×1
×1
×1
×(按实需增加)
柜门门禁电子锁
消防报警
水浸传感器
烟雾传感器
机架式
配电单元
机架式UPS
机架式
精密空调
温湿度
传感器
监控摄像头

EdgeN/SecuC单体机动环拓扑图

注：

1. EdgeN 系列单体机适用于微型网络机房。
2. 在空间尺寸条件有限的场景下，最小布局空间尺寸如下：
   前门离墙应≥600mm；左侧离墙应≥600mm，右侧可靠墙放置；后门离墙应≥400mm。
3. EdgeN 系列一体机采用的嵌入式空调为室内外机一体式结构，无管路连接工程；可选配冷凝水自处理系统，实现冷凝水零排放。
4. 等电位联结带就近与局部等电位联结箱、各类金属管道、金属线槽、建筑物金属结构进行连接；一体机采用两根不同长度的 $6mm^2$ 铜导线与等电位联结网格连接。
5. EdgeN 系列一体机由于联机数量不多，标配未含配电单元，由两条 PDU 直接供电。
6. 动环系统监控主要内容为配电单元的电气参数、机架式 UPS、机架式精密空调、漏水、温湿式、烟感、视频监控、门禁等功能，实现 24×365 的全面集中监控和管理，保障一体机环境及设备安全高效稳定可靠运行；基础环境监测传感器模块数量与柜体数量相关。

EdgeN 单体机系统及平面图	图号
浙江德塔森特数据技术有限公司	MMDC3-16

系统概述

一、总体概况

单机柜模块化微型机房内部集成机柜、供配电、UPS、照明、空调、给水排水、安防、消防、通信、防雷及接地、环境和设备监控等系统。模块化微型机房采用标准化和模块化的设计，柜体采用了冷热通道全封闭技术，内部使用机架式空调，冷热气流内循环，相比传统微型机房，占地面积小、集成度更高、交付时间短，另外也更加的节能环保。

多机柜模块化微型机房通常由几个机柜组成排柜的方式，集成机柜、供配电、UPS、照明、空调、给水排水、安防、消防、通信、防雷及接地、环境和设备监控等系统。模块化微型机房采用标准化和模块化的设计，具有集成度高、配置灵活、快速交付、升级扩容便捷等优点。由于采用了封闭冷通道、列间空调和高频模块化 UPS 等技术，相比于传统机房，更加的绿色节能。

二、技术规格

产品系列		模块化微型机房(单机柜)	模块化微型机房(多机柜)
技术规格	机柜	19in 标准机柜，600(W)×1400(D)×2000(H)前单开玻璃门，后双开钢板门，RAL9004	19in 标准机柜，600(W)×1200(D)×2000(H)前单开网孔门，后双开网孔门，RAL9004
	供配电	配电单元：输入 32A/1P UPS 主路输入 25A/1P，手动维修旁路 25A/2P(带锁)，输出 25A/1P 1 路 UPS 支路输出至 PDU 16A/1P，2 路备用 PDU：输入 16A，8 位 GB10A 输出	市电总配电柜：630A/4P ATS PC 级 UPS 配电柜：主路输入 250A/3P，手动维修旁路 250/4P(带锁)，输出 250A/3P 配电列头柜：输入 2×225A/3P，输出 2×26×32A/1P PDU：输入 32A，16 位 GB10A+4 位 GB16A 输出
	UPS	单进单出，19in 机架式安装，整机容量 3kVA，2U 蓄电池包 12V9Ah，后备 1h	三进三出，19in 机架式安装，整机容量 150kVA，功率模块 25kVA 蓄电池 12V250Ah，后备 1h
	照明	平均照度 500lx	平均照度 500lx
	空调	室内机：4kW 风冷直膨变频机架式空调 室外机：换热量 6kW	室内机：40kW 风冷直膨变频列间空调 室外机：换热量 60kW
	给水排水	给水管：PPR 聚丙烯热熔管，直径 $\phi20$ 排水管：PPR 聚丙烯热熔管，直径 $\phi50$	给水管：PPR 聚丙烯热熔管，直径 $\phi20$ 排水管：PPR 聚丙烯热熔管，直径 $\phi50$

产品系列		模块化微型机房(单机柜)	模块化微型机房(多机柜)
技术规格	安防	远程电控锁，支持本地刷卡	200 万网络半球网络摄像机，刷卡密码门禁
	消防	烟感探测器联网输出，监测面积：$20m^2$	烟感探测器联网输出，监测面积：$20m^2$
	通信	铜缆配线架：19in 安装，1U，24 位六类 六类 4 对 UTP 电缆，六类 RJ45 跳线 光纤配线架：19in 安装，1U，144 芯 MTP-MTP 预端接主干光缆，LC 光纤跳线	铜缆配线架：19in 安装，1U，24 位六类 六类 4 对 UTP 电缆，六类 RJ45 跳线 光纤配线架：19in 安装，1U，144 芯 MTP-MTP 预端接主干光缆，LC 光纤跳线
	防雷及接地	二级电源保护，接地线 $6m^2$	二级电源保护，接地排 40×4，接地线 $6m^2$
	环境和设备监控	温湿度，漏水，配电柜，UPS，空调，电控锁运行状态等	温湿度，漏水，配电柜，UPS，空调，视频，门禁运行状态等
外部接口	电源	电源：220V 50Hz 输入总功率 5kW	电源：380V 50Hz 输入总功率 170kW
	空调	预留空调室外机安装位，满足正落差 20m 内或负落差 5m 内	预留空调室外机安装位，满足正落差 20m 内或负落差 5m 内
	给水排水	给水排水管接入机房，预留阀口	给水排水管接入机房，预留阀门
	消防	预留烟感与消防主机干接点接口	预留烟感与消防主机干接点接口
	通信	室外光缆接入，预留光纤配线架安装位	室外光缆接入，预留光纤配线架安装位
	防雷及接地	外部电源及信号引入端配置二级电涌保护	外部电源及信号引入端配置二级电涌保护
	环境和设备监控	环境和设备监控：配置 POE 网络交换机，监控主机与监控室的通信接口	环境和设备监控：配置 POE 网络交换机，监控主机与监控室的通信接口
	载荷	主机房结构荷载应在 $4\sim10kN/m^2$ 范围内	主机房结构荷载应在 $8\sim12kN/m^2$ 范围内蓄电池间结构荷载应不小于 $16kN/m^2$

系统概述	图号
南京普天天纪楼宇智能有限公司	MMDC4-1

设备材料表

序号	设备名称	规格参数	备注
		冷通道机柜系统	
1	服务器机柜	600(*W*)×1200(*D*)×2000(*H*)，前单开网孔门，后双开网孔门	
2	配线机柜	600(*W*)×1200(*D*)×2000(*H*)，前单开网孔门，后双开网孔门	
3	冷通道端门	1200mm×2000mm，电动平移门，含刷卡密码门禁	
4	冷通道功能天窗	1200mm×600mm，功能天窗，用于安装传感器	
5	冷通道消防天窗	1200mm×600mm，消防天窗，可以消防联动开启	
6	网格式强电桥架	200mm×100mm，含柜顶桥架安装配件	
7	网格式弱电桥架	400mm×100mm，含柜顶桥架安装配件	
		供配系系统	
8	市电总配电柜	600(*W*)×1200(*D*)×2000(*H*)，配置见系统图	
9	UPS配电柜	600(*W*)×1200(*D*)×2000(*H*)，配置见系统图	
10	配电列头柜	600(*W*)×1200(*D*)×2000(*H*)，配置见系统图	
		综合布线系统	
11	六类24位铜缆配线架	19in安装，1U，24位六类	
12	MTP高密度光纤配线架	19in安装，1U，满配144芯	
		不间断电源系统	
13	UPS主机(150kVA)	UPS机框，19in机架式安装，满配150kVA	
14	蓄电池(250Ah)	12V250Ah铅酸蓄电池	

序号	设备名称	规格参数	备注
		空调系统	
15	列间空调室内机(40kW)	40kW风冷直膨变频列间空调，室内机，600(*W*)×1200(*D*)×2000(*H*)	
16	机架式空调(4kW)	4kW风冷直膨变频机架式空调，室内机，5U	
17	列间空调室外机	列间空调室外机，换热量60kW	
18	机架式空调室外机	机架式空调室外机，换热量6kW	
		环境和设备监控系统	
19	一体化监控主机		
20	智能电量仪	主路电流、电压、功率、频率监测	
21	智能触控屏	主路和支路电流、电压、功率、频率监测	
22	定位漏水传感器	定位式，导轨安装，最长线长200m，RS485接口	
23	485智能监测卡	智能485接口，监测UPS、空调	
24	温湿度传感器	带LCD液晶显示，RS485接口	
25	烟感	优选，4线制，工作电压12V	
26	双门门禁控制器	二路输入二路输出，TCP/IP与RS485通信	
27	门禁读卡器	密码、刷卡，支持双重认证	
28	摄像头	200万网络日夜半球形网络摄像机	
29			
30			

设备材料表	图号
南京普天天纪楼宇智能有限公司	MMDC4-2

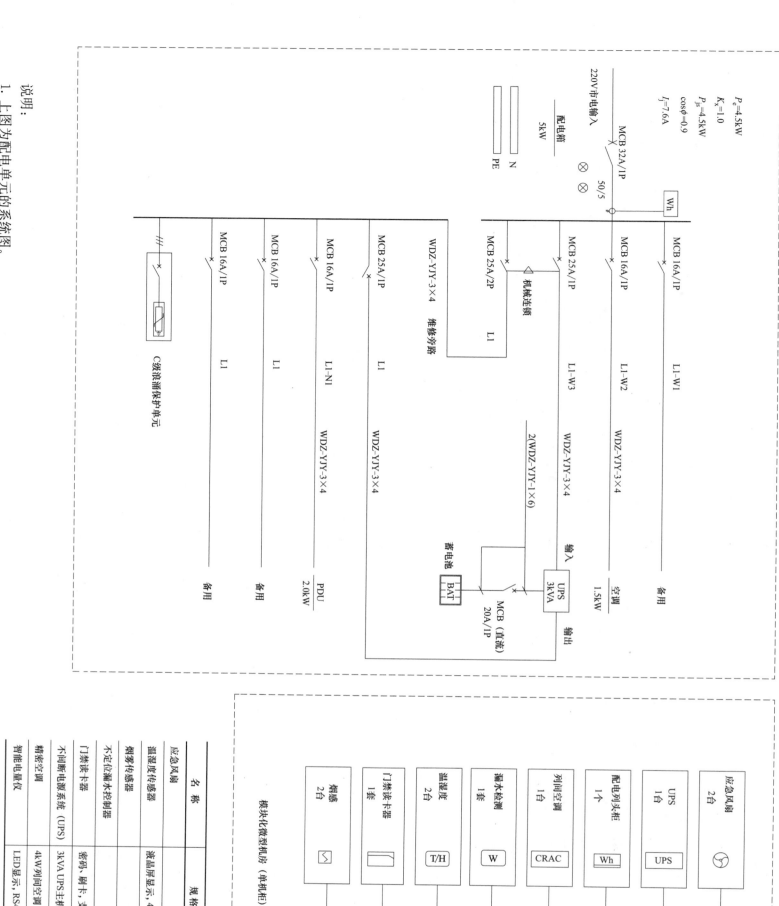

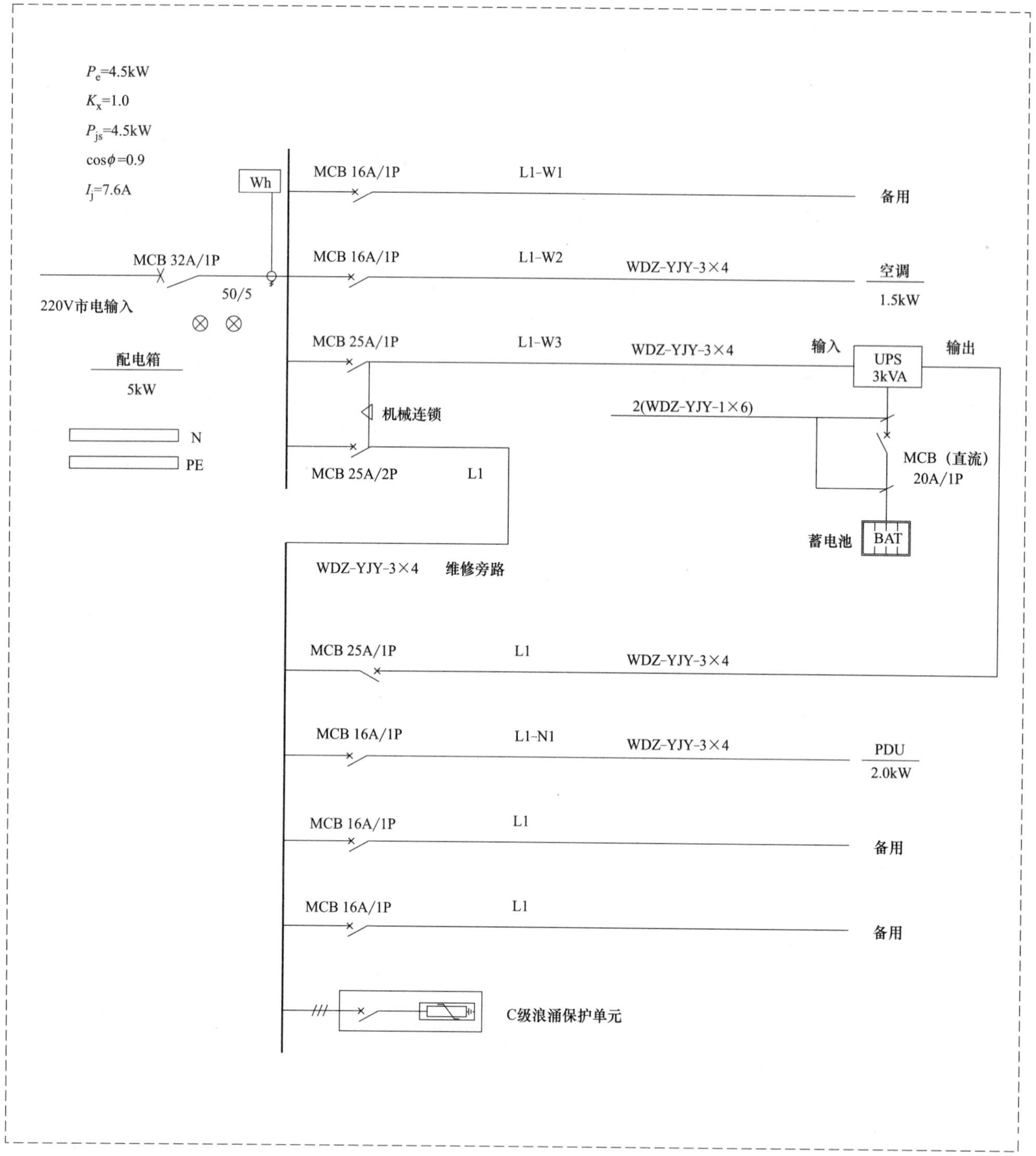

P_e=4.5kW
K_x=1.0
P_{js}=4.5kW
cosφ=0.9
I_j=7.6A
Wh
MCB 32A/1P
50/5
220V市电输入
配电箱
5kW
N
PE
MCB 16A/1P
L1-W1
备用
MCB 16A/1P
L1-W2
WDZ-YJY-3×4
空调
1.5kW
MCB 25A/1P
L1-W3
WDZ-YJY-3×4
输入
UPS
3kVA
输出
机械连锁
2(WDZ-YJY-1×6)
MCB 25A/2P
L1
MCB（直流）
20A/1P
蓄电池
BAT
WDZ-YJY-3×4
维修旁路
MCB 25A/1P
L1
WDZ-YJY-3×4
MCB 16A/1P
L1-N1
WDZ-YJY-3×4
PDU
2.0kW
MCB 16A/1P
L1
备用
MCB 16A/1P
L1
备用
C级浪涌保护单元

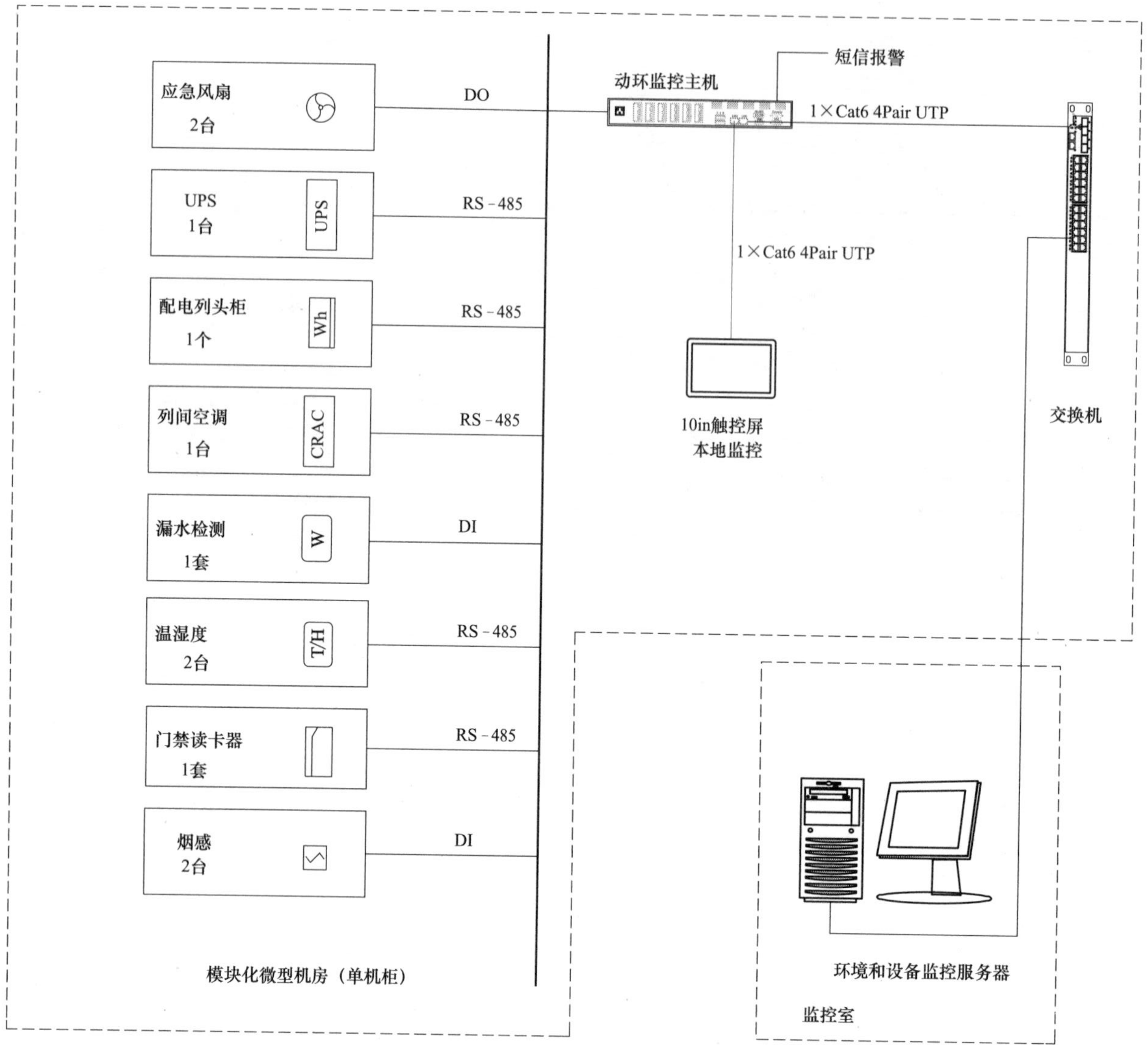

应急风扇
2台
DO
UPS
1台
RS-485
配电列头柜
1个
Wh
RS-485
列间空调
1台
CRAC
RS-485
漏水检测
1套
W
DI
温湿度
2台
T/H
RS-485
门禁读卡器
1套
RS-485
烟感
2台
DI
模块化微型机房（单机柜）
动环监控主机
短信报警
1×Cat6 4Pair UTP
1×Cat6 4Pair UTP
10in触控屏
本地监控
交换机
环境和设备监控服务器
监控室

名 称	规 格 要 求	单位	数量	备 注
应急风扇		台	2	
温湿度传感器	液晶屏显示，485	只	2	
烟雾传感器		只	2	
不定位漏水控制器		套	1	
门禁读卡器	密码、刷卡，支持双重认证	套	1	
不间断电源系统（UPS）	3kVA UPS主机	台	1	
精密空调	4kW列间空调	台	1	
智能电量仪	LED显示，RS485接口	个	2	

说明：
1. 上图为配电单元的系统图。
2. 配电单元包含了UPS输入、输出和旁路配电，以及空调等市电配电。
3. 配电单元机架式安装在单柜中。

模块化微型机房（单机柜）供配电及动环系统图	图号
南京普天天纪楼宇智能有限公司	MMDC4-3

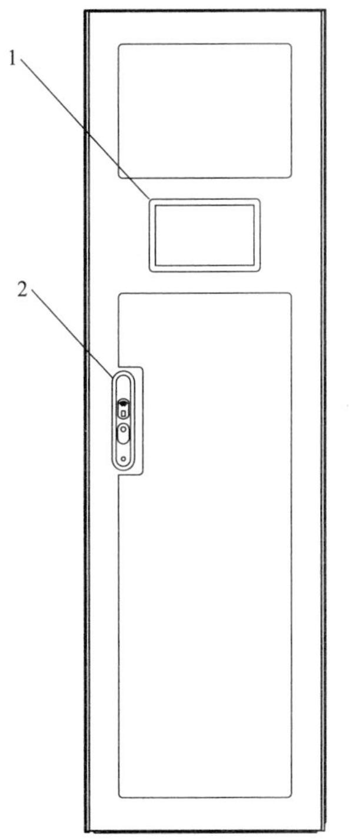

正视大样图 1:20

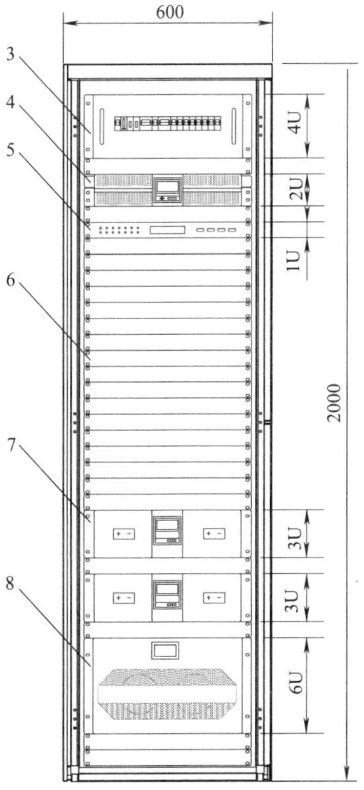

无门正视大样图 1:20

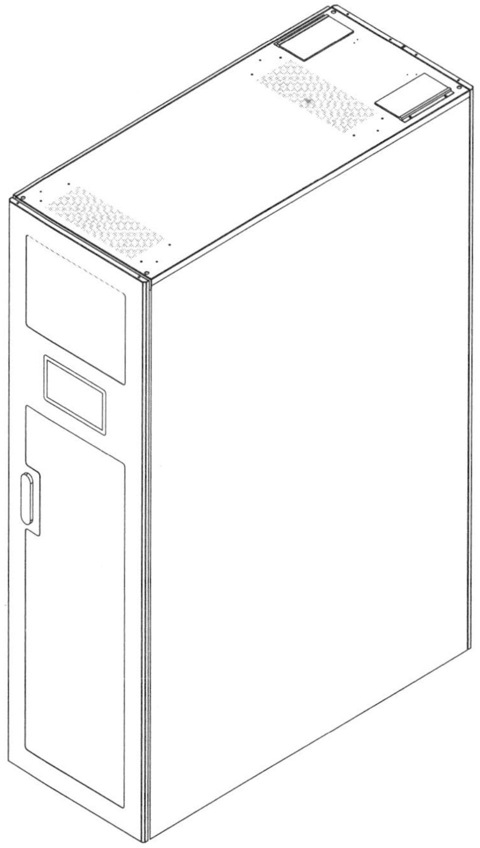

轴侧视大样图 1:20

序号	名称	规格要求	单位	数量	备注
1	监控屏	10in	台	1	
2	电控锁	刷卡、带485，可远程开锁	把	1	
3	配电单元	4U，220V供电	套	1	含UPS输入输出、空调
4	机架式UPS	2U，3kVA，单进单出	套	4	
5	监控主机	1U，嵌入式主机	套	1	可监测配电、UPS、空调、温湿度、烟感、漏水等设备；支持短信等告警
6	盲板	1U	块	23	
7	电池包	3U，12V 9Ah 16节	套	2	
8	机架式空调	6U，制冷量4kW	套	1	

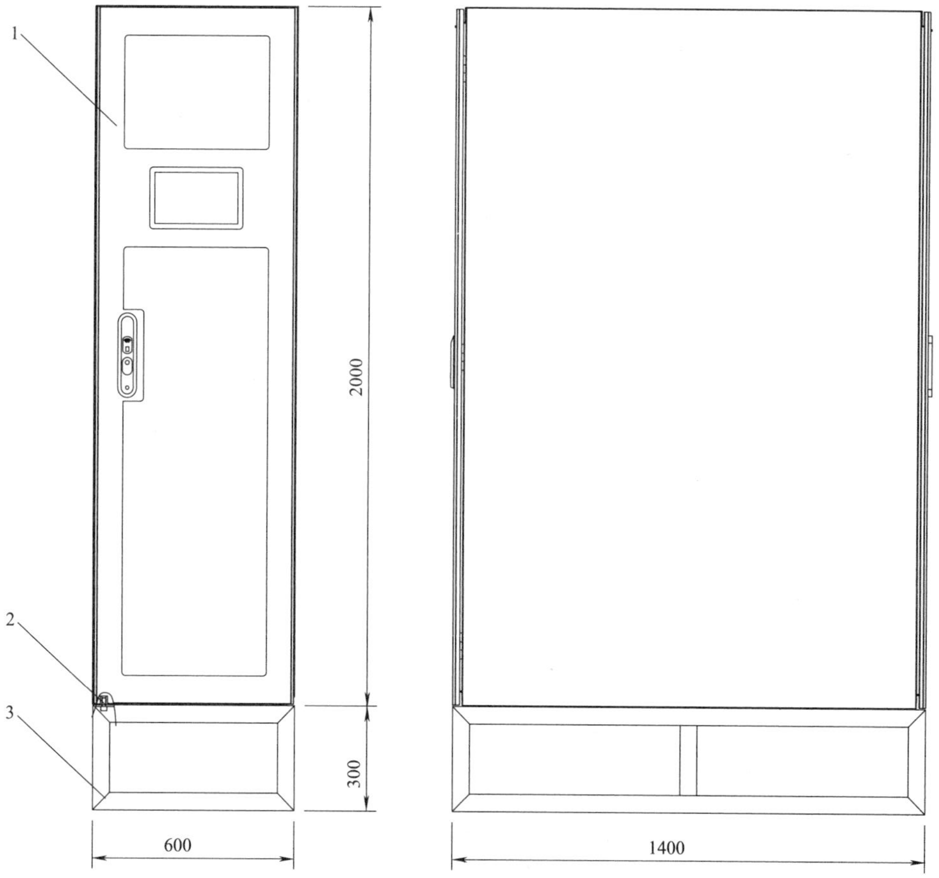

模块化微型机房（单机柜）安装示意图 1:20

序号	名称	规格要求	单位	数量	备注
1	智能一体化机柜	600(*W*)×1400(*D*)×2000(*H*)	台	1	前单开玻璃门，后双开钢板门
2	内六角螺栓	M12×25	套	4	含平垫、弹垫
3	机柜底座	600(*W*)×1400(*D*)×300(*H*)	套	1	50×50×5角钢焊接

模块化微型机房（单机柜）大样及安装图	图号
南京普天天纪楼宇智能有限公司	MMDC4-4

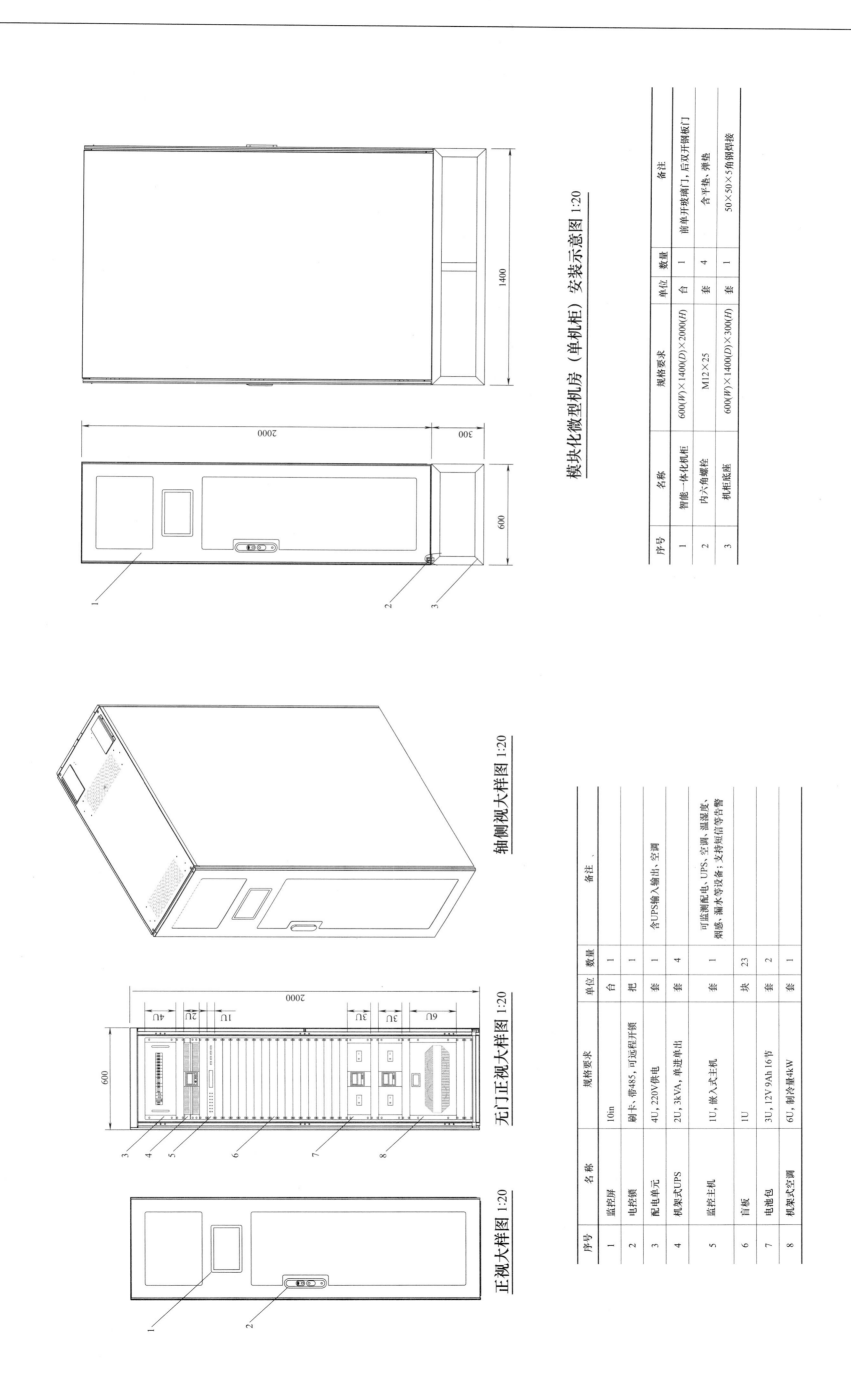

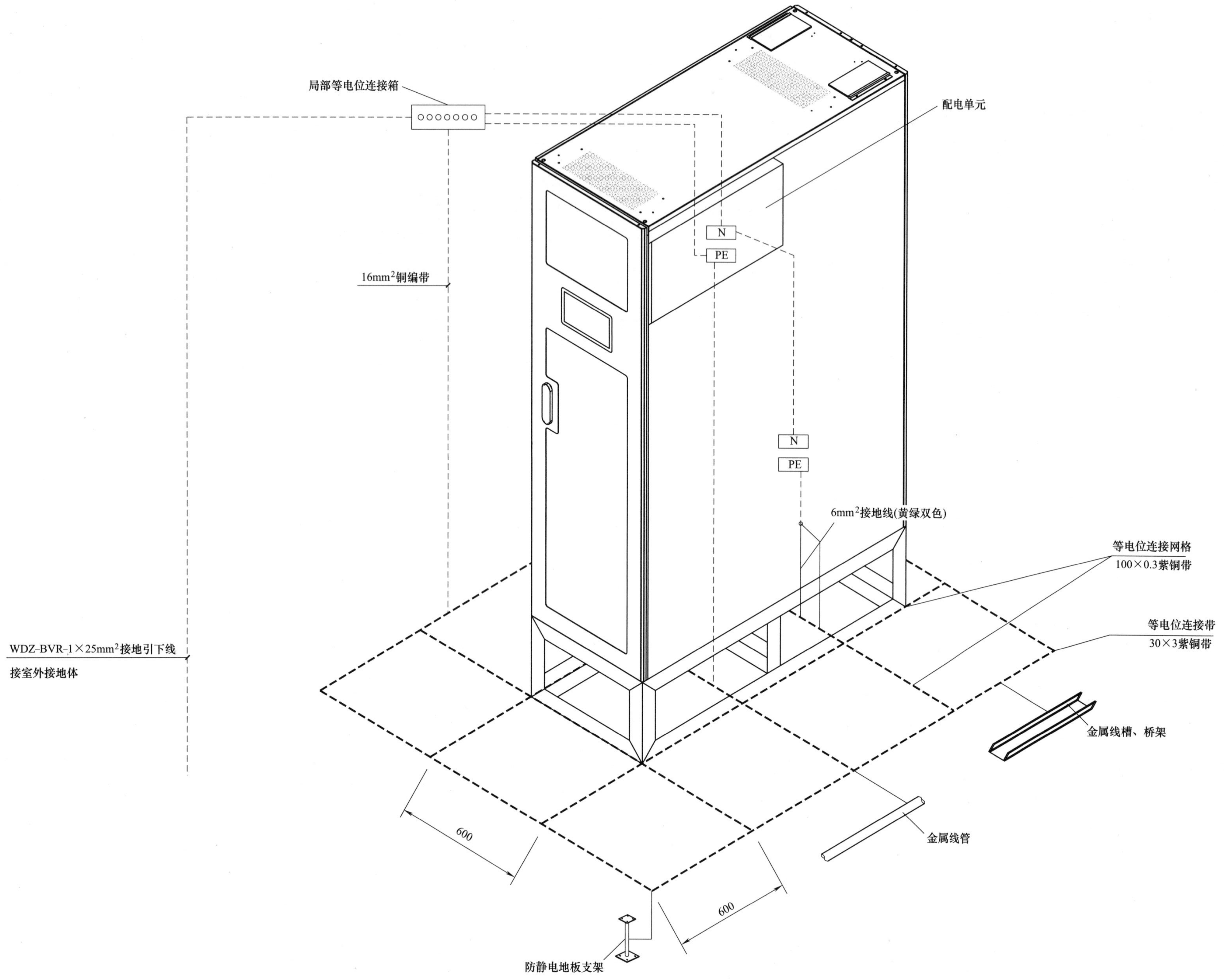
局部等电位连接箱
配电单元
16mm²铜编带
N
PE
N
PE
6mm²接地线(黄绿双色)
等电位连接网格
100×0.3紫铜带
等电位连接带
30×3紫铜带
WDZ-BVR-1×25mm²接地引下线
接室外接地体
金属线槽、桥架
金属线管
600
600
防静电地板支架

模块化微型机房（单机柜）接地示意图	图号
南京普天天纪楼宇智能有限公司	MMDC4-5

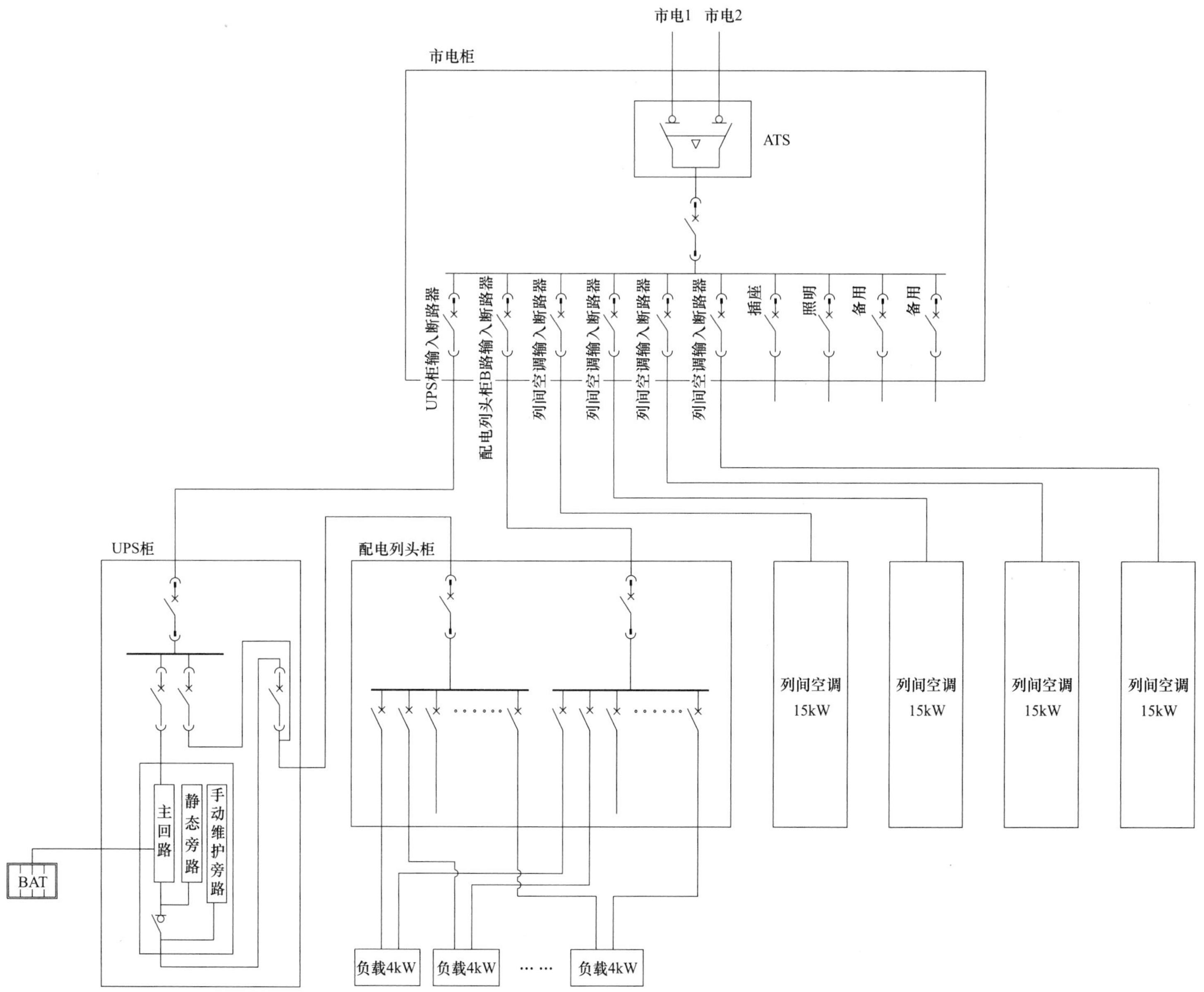

说明：

1. 上图为模块化微型机房的供配电系统框图。

2. 模块化微型机房采用了两路市电接入到市电柜中的 ATS，经 ATS 内部配置了配电列头柜、网络列头柜、UPS 柜、服务器机柜和列间空调。

3. 市电总配电柜和蓄电池放置在蓄电池间。

模块化微型机房（多机柜）供配电系统框图	图号
南京普天天纪楼宇智能有限公司	MMDC4-6

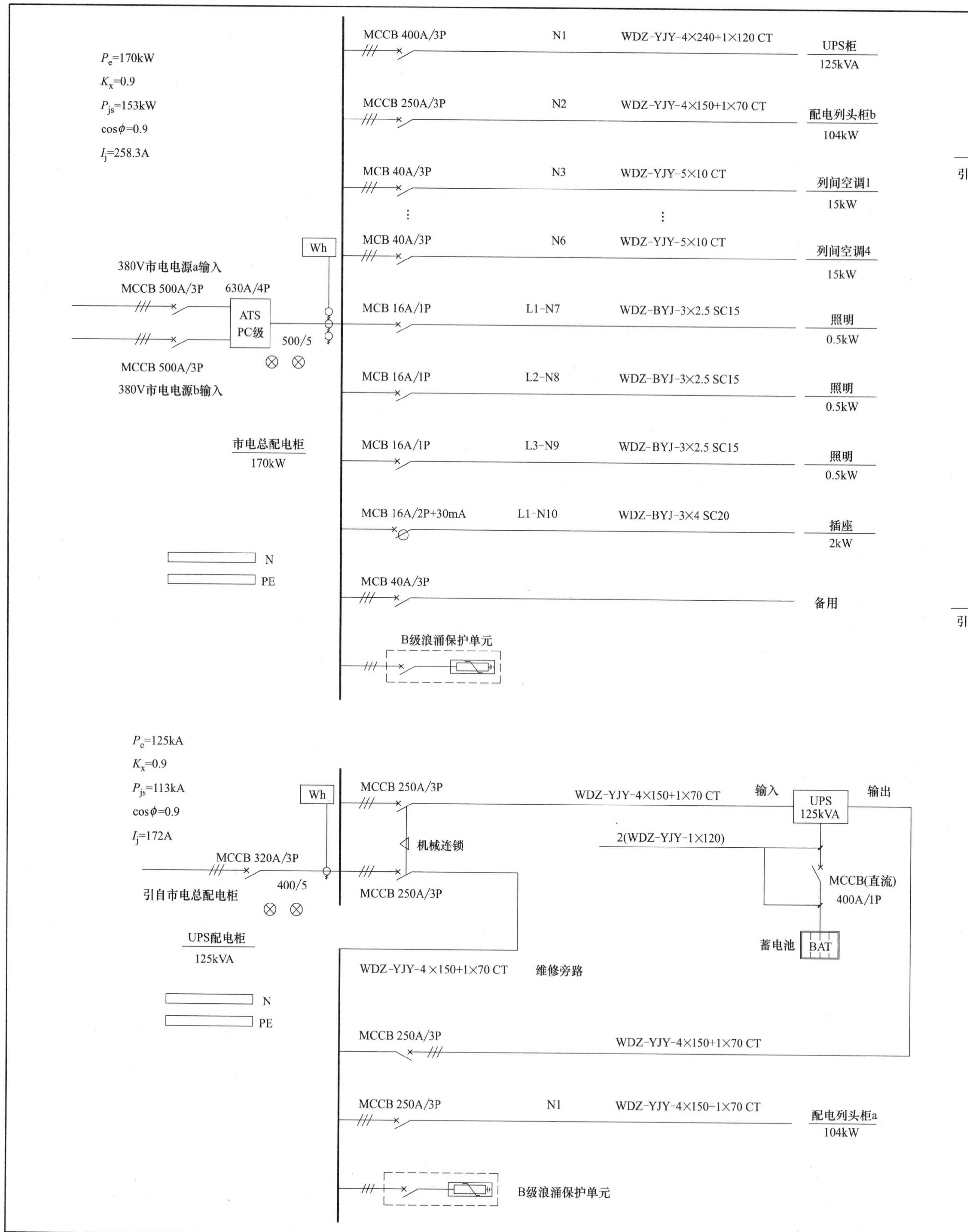

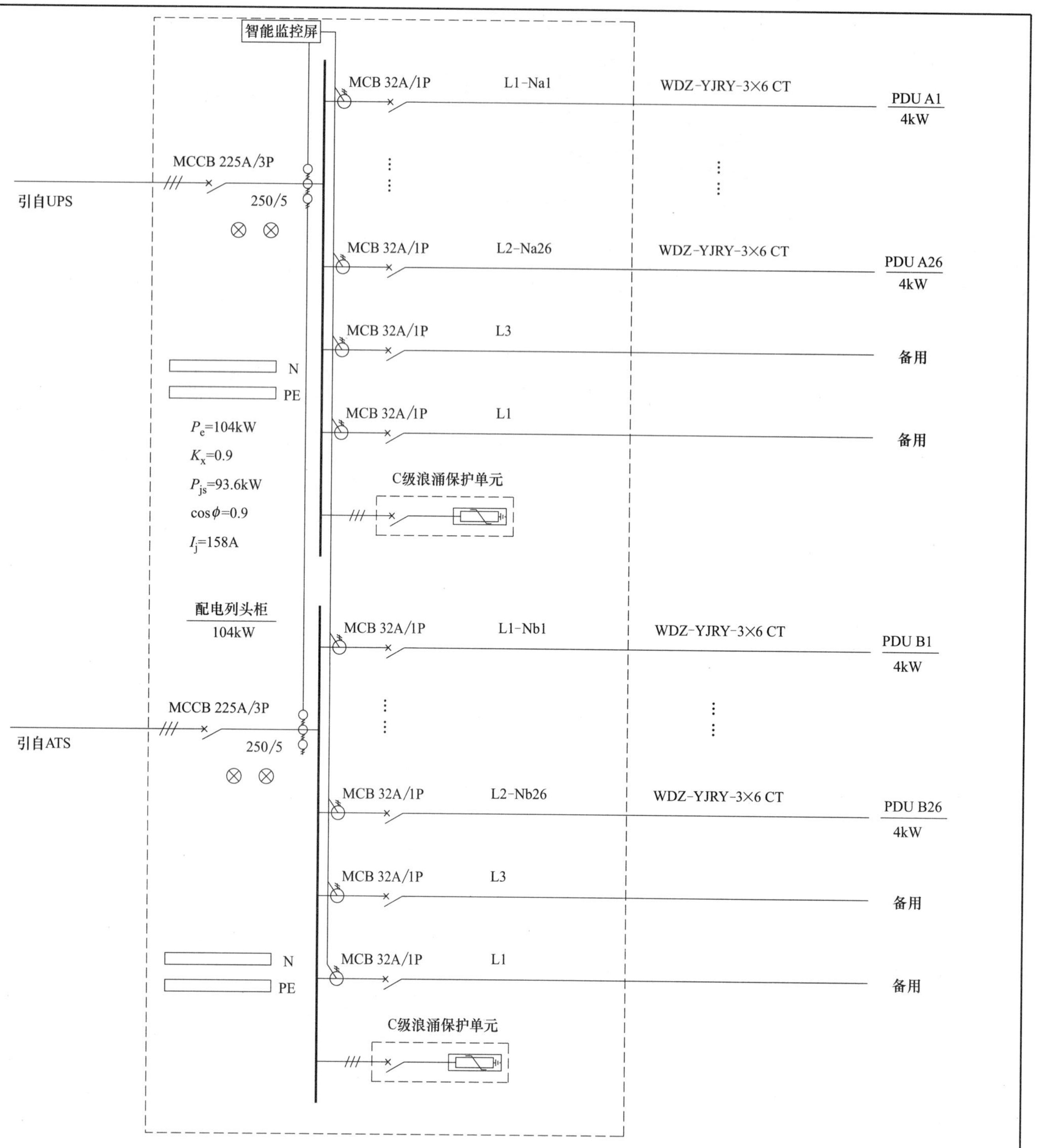

说明：

1. 市电总配电柜包含 ATS 双电源切换，空调配电、UPS 输入配电和照明配电。
2. UPS 配电柜包含了 UPS 输入、输出和旁路配电，以及一台机架式模块化 UPS。
3. 配电列头柜由一路 UPS+一路市电组成双路输入供电。
4. 市电总配电柜放置在蓄电池间；UPS 柜、配电列头柜放置在微模块中。

模块化微型机房（多机柜）供配电系统图	图号
南京普天天纪楼宇智能有限公司	MMDC4-7

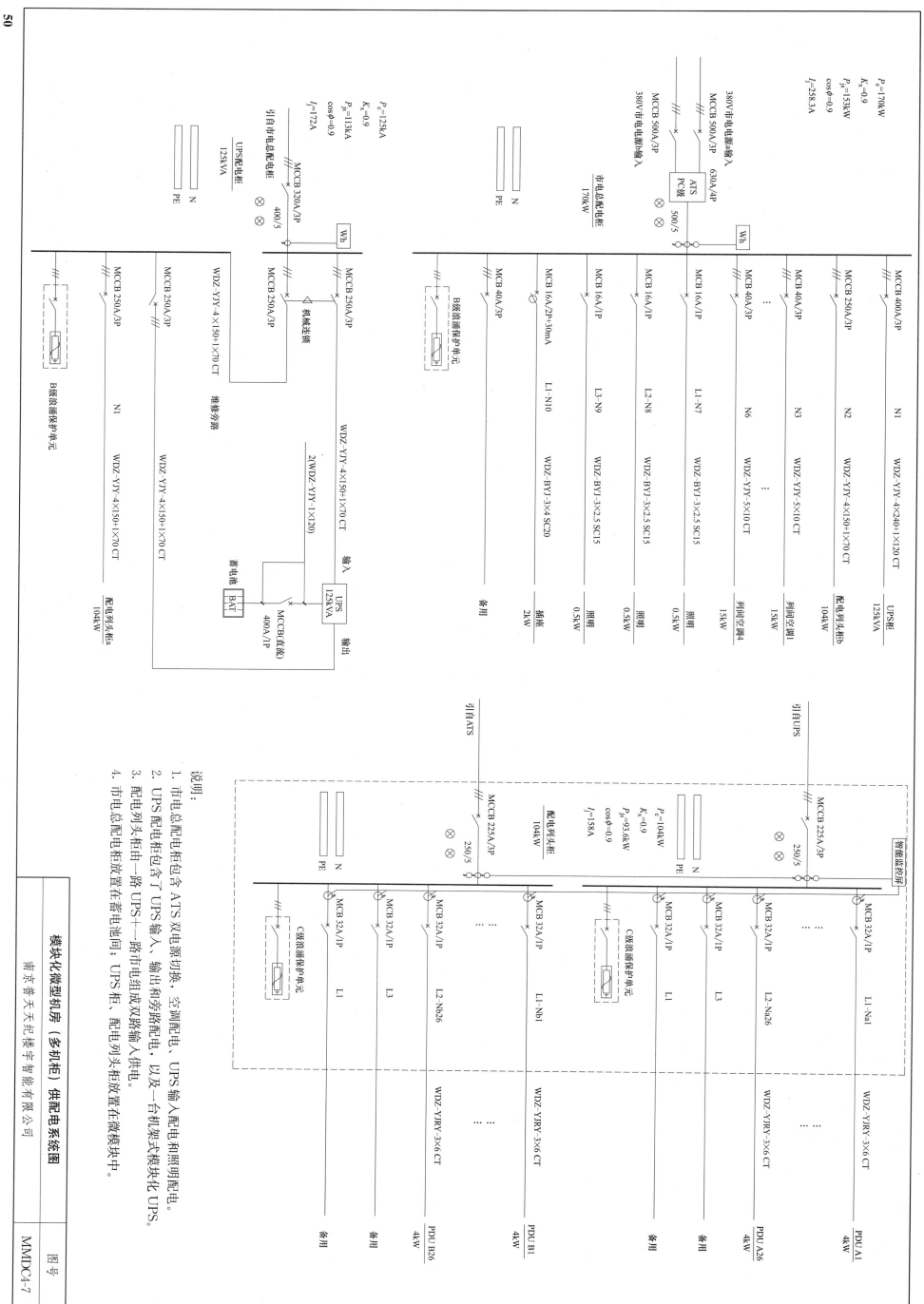

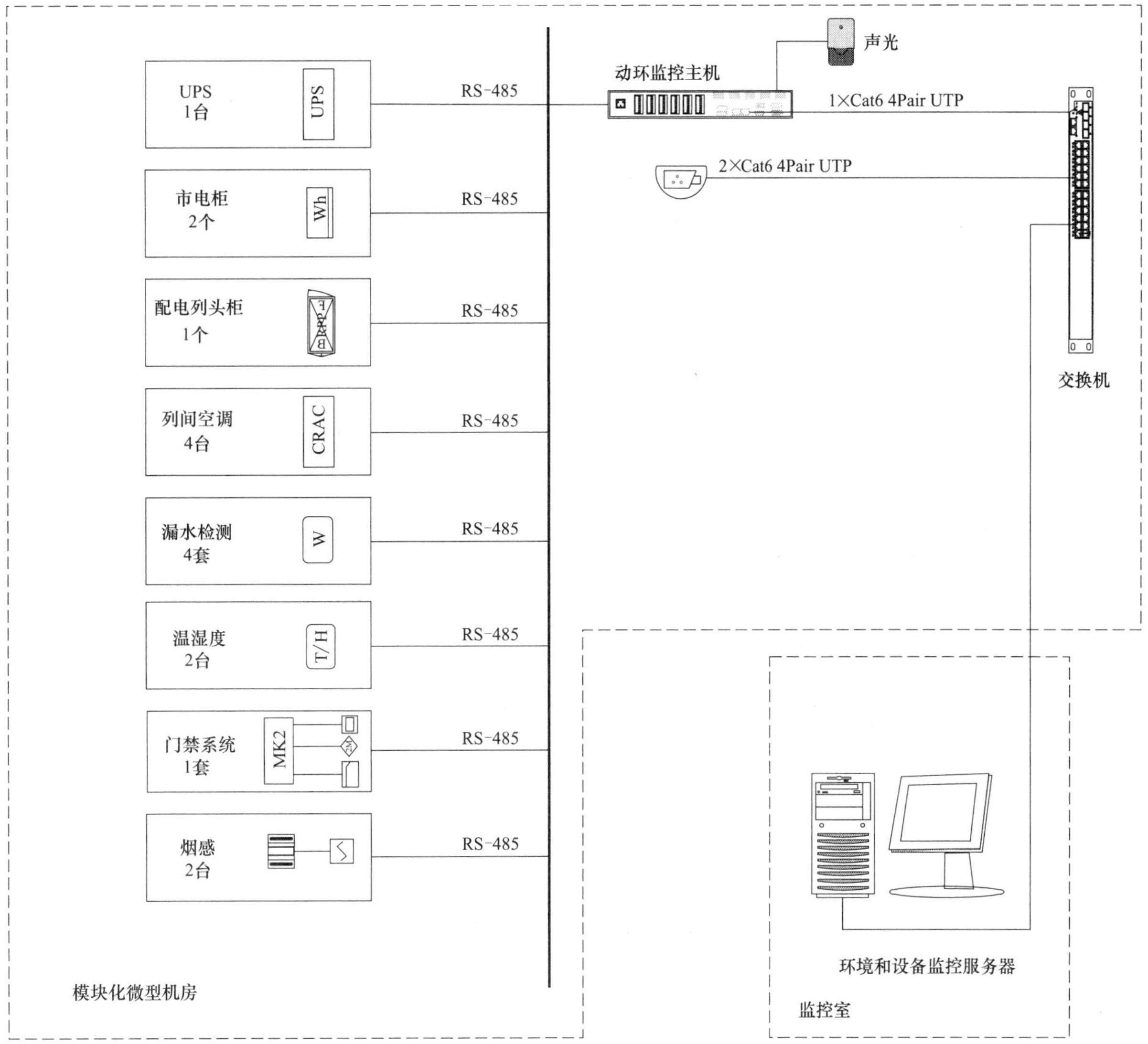

UPS
1台
UPS
市电柜
2个
Wh
配电列头柜
1个
列间空调
4台
CRAC
漏水检测
4套
W
温湿度
2台
T/H
门禁系统
1套
MK2
烟感
2台
RS-485
动环监控主机
声光
1×Cat6 4Pair UTP
2×Cat6 4Pair UTP
交换机
环境和设备监控服务器
监控室
模块化微型机房

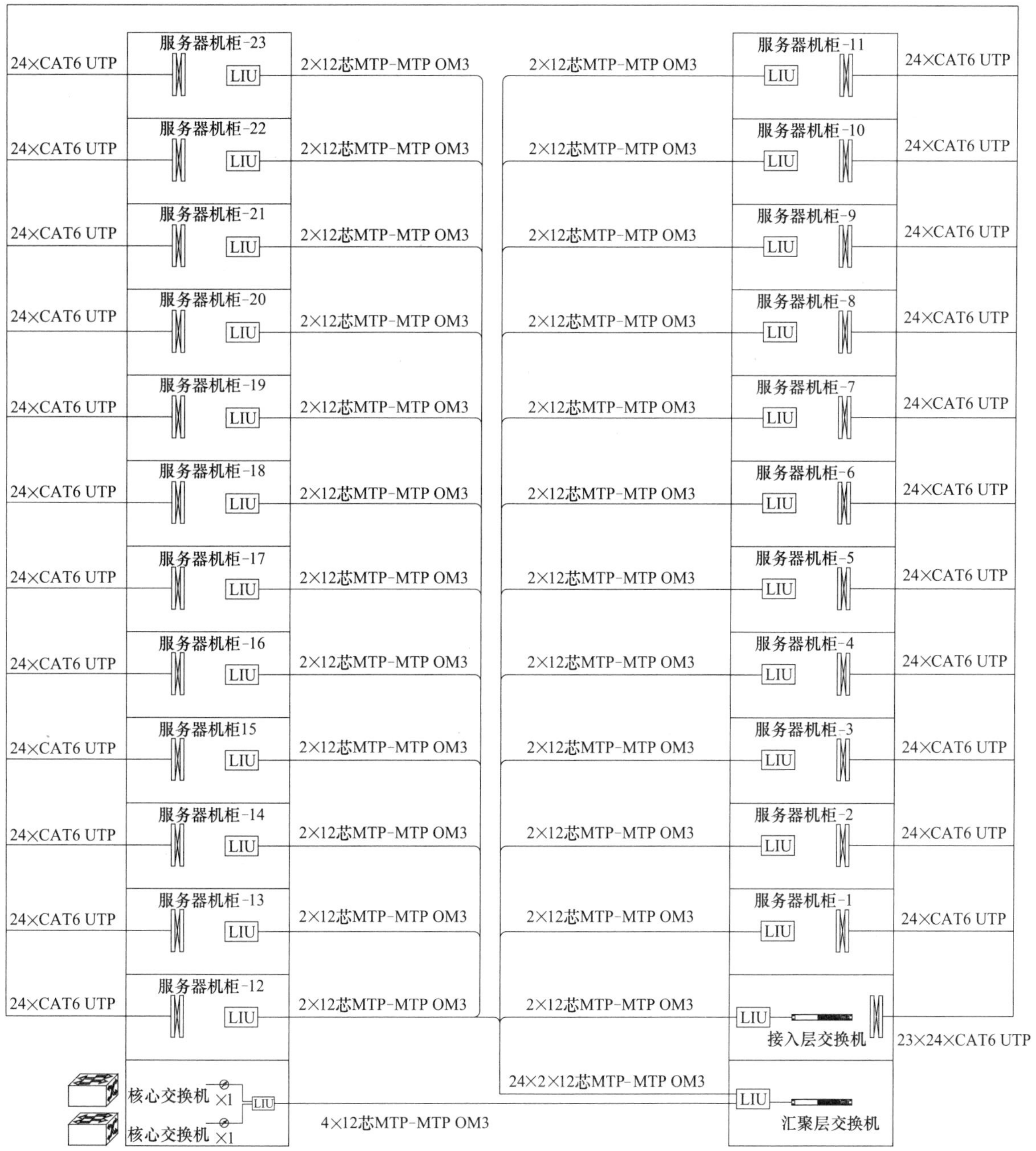

服务器机柜-23
服务器机柜-22
服务器机柜-21
服务器机柜-20
服务器机柜-19
服务器机柜-18
服务器机柜-17
服务器机柜-16
服务器机柜15
服务器机柜-14
服务器机柜-13
服务器机柜-12
服务器机柜-11
服务器机柜-10
服务器机柜-9
服务器机柜-8
服务器机柜-7
服务器机柜-6
服务器机柜-5
服务器机柜-4
服务器机柜-3
服务器机柜-2
服务器机柜-1
LIU
24×CAT6 UTP
2×12芯MTP-MTP OM3
接入层交换机
23×24×CAT6 UTP
核心交换机 ×1
核心交换机 ×1
4×12芯MTP-MTP OM3
24×2×12芯MTP-MTP OM3
汇聚层交换机

序号	名 称	规 格 要 求	单位	数量	备 注
1	摄像机	200万，1080P，POE供电	台	2	
2	温湿度传感器	液晶屏显示，485	只	2	
3	烟雾传感器		只	2	
4	不定位漏水控制器		套	4	
5	开关量采集模块	8路开关量采集模块	套	1	
6	2门门禁控制器		套	1	
7	门禁读卡器	密码、刷卡，支持双重认证	套	2	
8	双门电磁锁		套	2	
9	出门按钮		只	2	
10	不间断电源系统(UPS)	150kVA UPS主机	台	1	
11	精密空调	40kW列间空调	台	4	
12	智能监控屏	10in，电容屏，RS485接口	个	1	
13	智能电量仪	LED显示，RS485接口	个	2	

模块化微型机房（多机柜）动环监控及综合布线系统图	图号
南京普天天纪楼宇智能有限公司	MMDC4-8

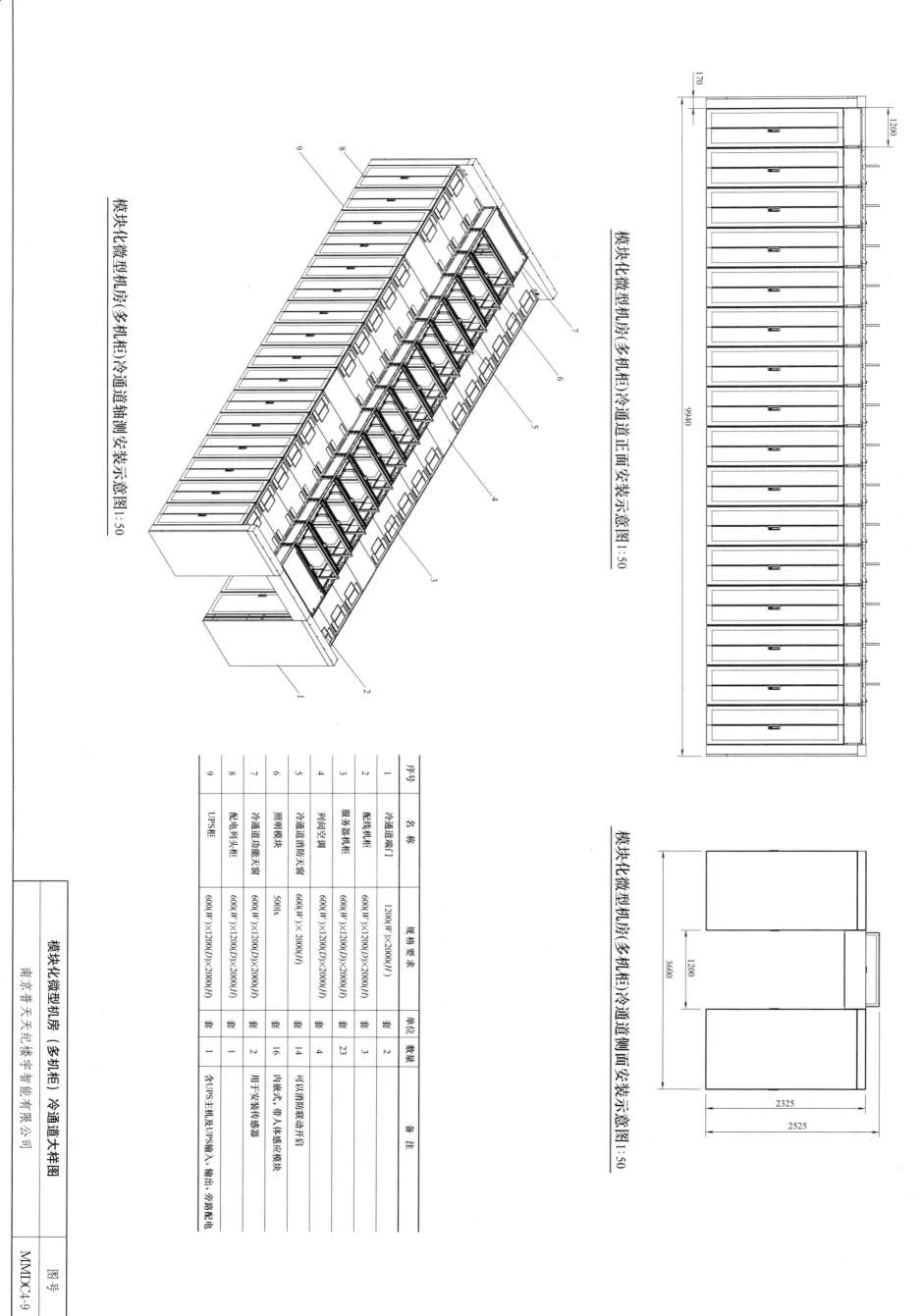

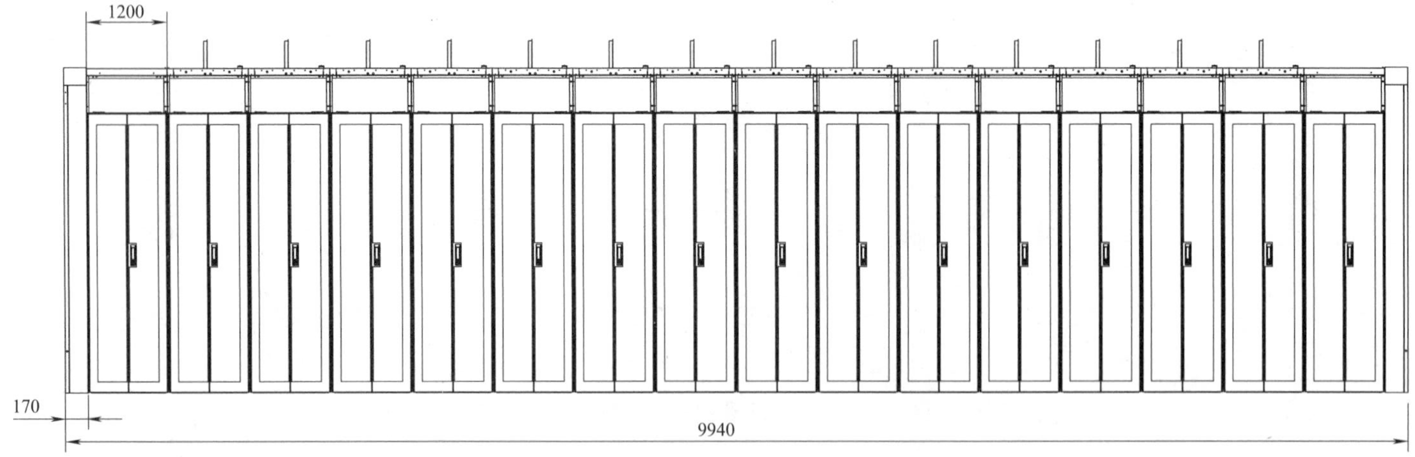
1200
170
9940

模块化微型机房(多机柜)冷通道正面安装示意图1:50

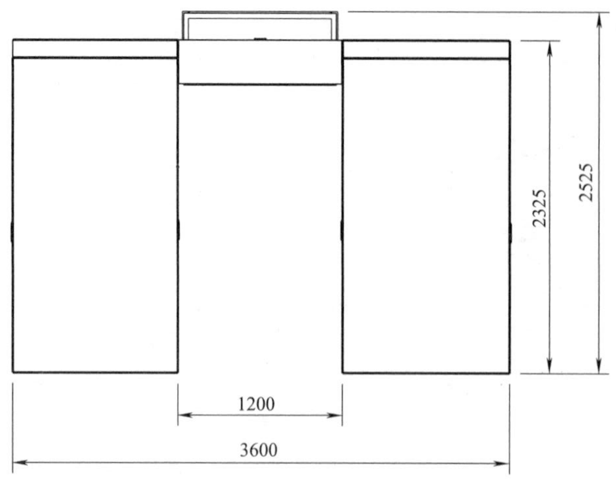
2325
2525
1200
3600

模块化微型机房(多机柜)冷通道侧面安装示意图1:50

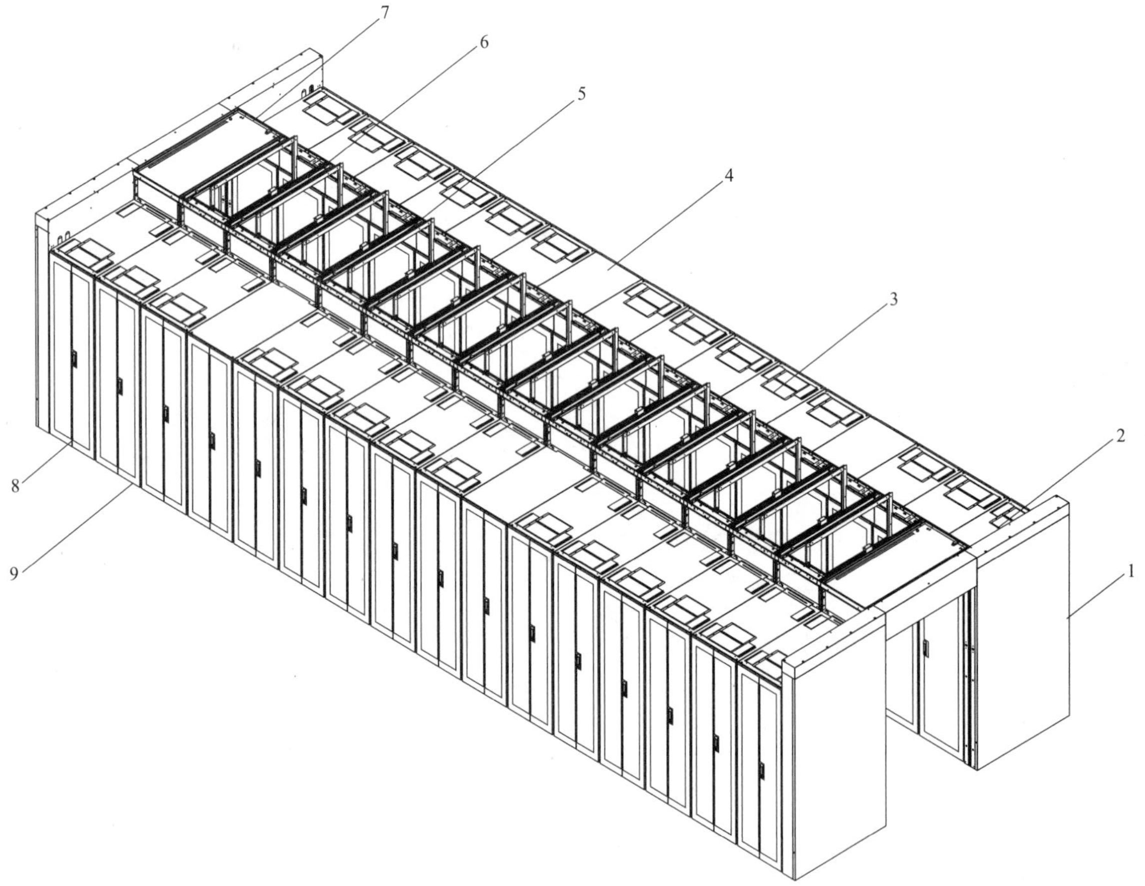
7
6
5
4
3
2
1
8
9

模块化微型机房(多机柜)冷通道轴测安装示意图1:50

序号	名 称	规格要求	单位	数量	备 注
1	冷通道端门	1200(W)×2000(H)	套	2	
2	配线机柜	600(W)×1200(D)×2000(H)	套	3	
3	服务器机柜	600(W)×1200(D)×2000(H)	套	23	
4	列间空调	600(W)×1200(D)×2000(H)	套	4	
5	冷通道消防天窗	600(W)× 2000(H)	套	14	可以消防联动开启
6	照明模块	500lx	套	16	内嵌式，带人体感应模块
7	冷通道功能天窗	600(W)×1200(D)×2000(H)	套	2	用于安装传感器
8	配电列头柜	600(W)×1200(D)×2000(H)	套	1	
9	UPS柜	600(W)×1200(D)×2000(H)	套	1	含UPS主机及UPS输入、输出、旁路配电

模块化微型机房（多机柜）冷通道大样图		图号
南京普天天纪楼宇智能有限公司		MMDC4-9

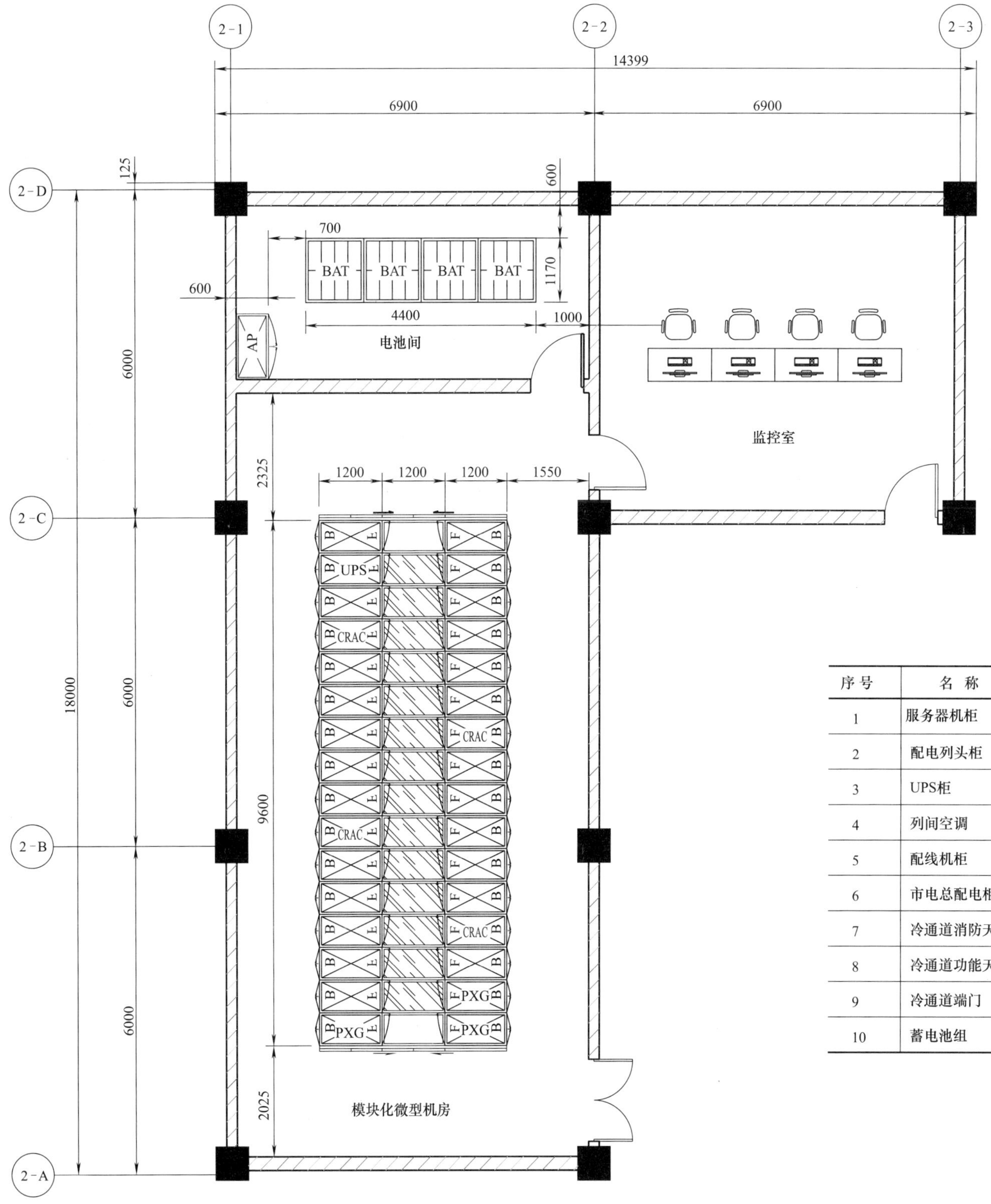

模块化微型机房(多机柜)设备平面图 1:100

说明：

1. 模块化微型机房采用了封闭冷通道设计，内部配置了配电列头柜、网络列头柜、UPS柜、服务器机柜和列间空调。

2. 市电总配电柜和蓄电池放置在蓄电池间。

3. 主机房结构荷载应在 8～12kN/m^2 范围内、蓄电池间结构荷载应不小于16kN/m^2。

序号	名 称	规格要求	单位	数量	备 注
1	服务器机柜	600(W)×1200(D)×2000(H)	套	23	
2	配电列头柜	600(W)×1200(D)×2000(H)	套	1	
3	UPS柜	600(W)×1200(D)×2000(H)	套	1	含UPS主机及UPS输入、输出、旁路配电
4	列间空调	600(W)×1200(D)×2000(H)	套	4	
5	配线机柜	600(W)×1200(D)×2000(H)	套	3	
6	市电总配电柜	1200(W)×600(D)×2000(H)	套	1	含ATS、空调和UPS配电
7	冷通道消防天窗	600(W)×1200(H)	套	14	可以消防联动开启
8	冷通道功能天窗	600(W)×1200(H)	套	2	用于安装传感器
9	冷通道端门	1200(W)×2000(H)	套	2	
10	蓄电池组	1100(W)×1170(D)×1480(H)	套	4	

模块化微型机房（多机柜）设备平面图		图号
南京普天天纪楼宇智能有限公司		MMDC4-10

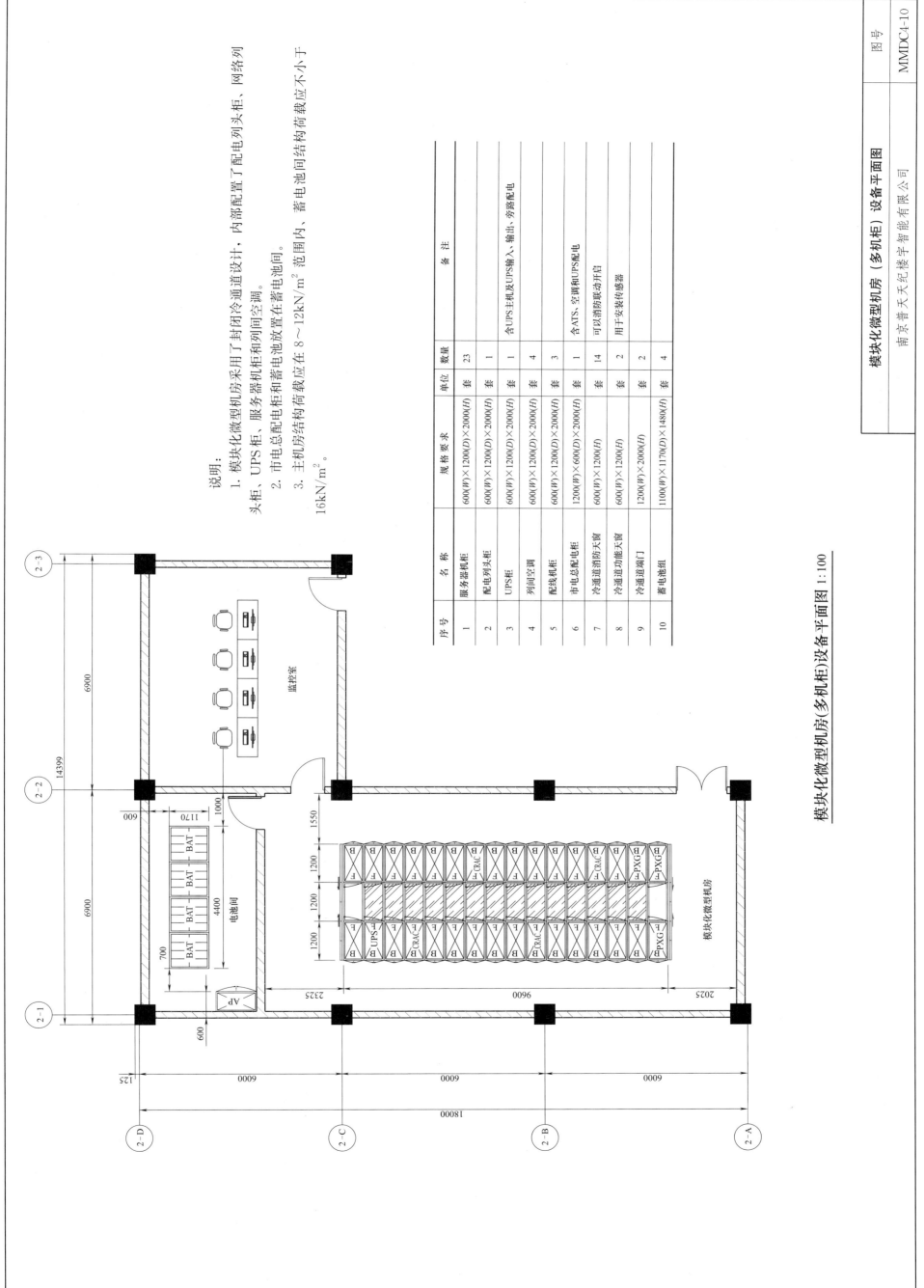

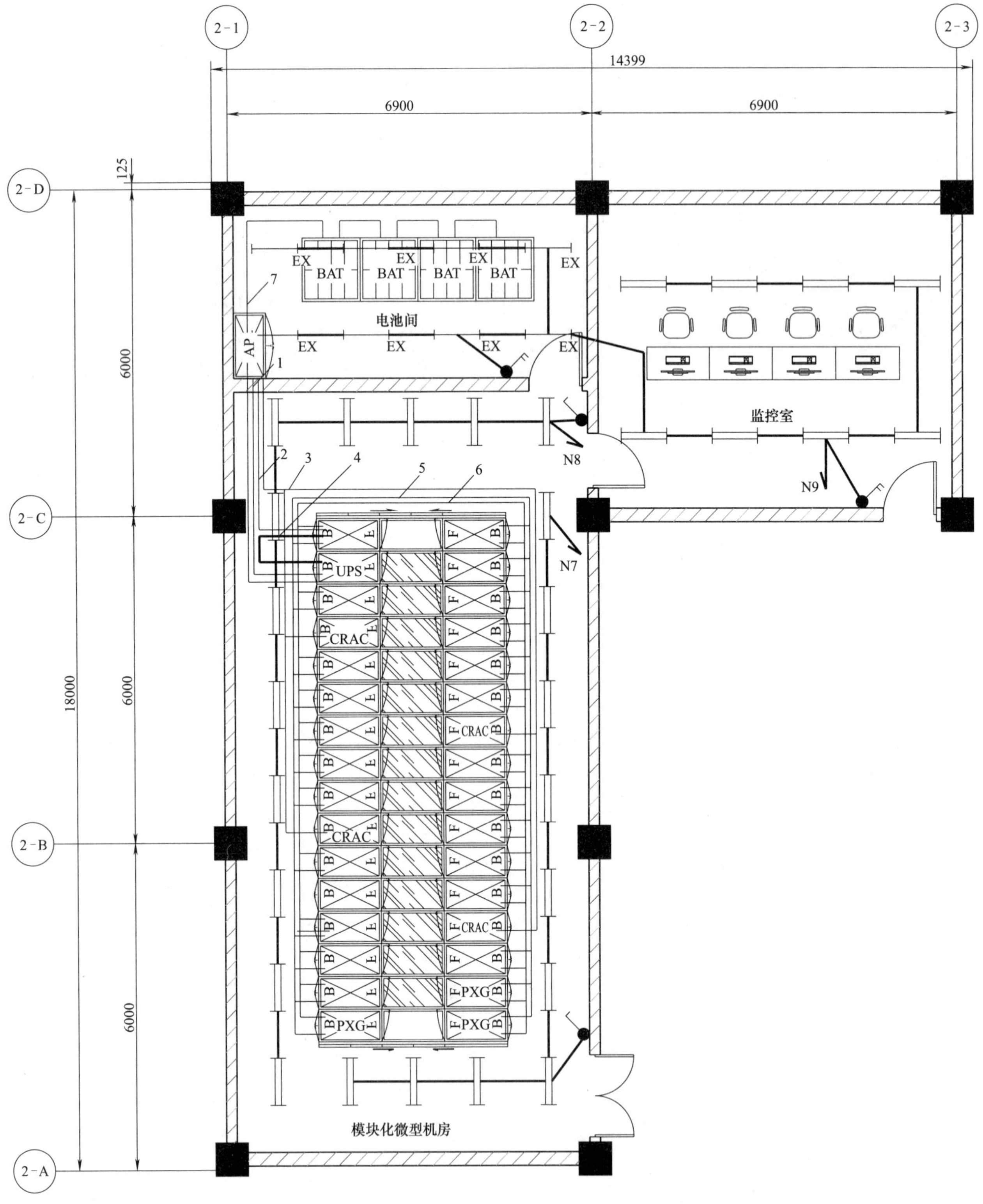

模块化微型机房(多机柜)强电布线示意图 1:100

说明：

1. 模块化微型机房强电采用强电桥架铺设。
2. 市电柜铺设一根 WDZ-YJY-4×70+1×50 的电缆至 UPS 输入输出柜、铺设 4 根 WDZ-YJY-5×6 的电缆至列间空调、铺设 1 根 WDZ-YJY-4×50+1×25 的电缆至配电列头柜铺路。
3. UPS 输入输出柜铺设两根 WDZ-YJY-4×70+1×50 的电缆分别至 UPS 输入端和输出端、UPS 输出下行铺设 1 根 WDZ-YJY-4×50+1×25 的电缆至配电列头柜主路。
4. 配电列头柜铺设两组 WDZ-YJY-3×6 的电缆至机柜 PDU 的 A/B 路。
5. 机柜采用 32A 单相工业连接器。
6. UPS 铺设 3 根 WDZ-BVR-1×120 的电缆至蓄电池直流空开箱。

序号	名 称	规格要求	单位	数量	备 注
1	电力电缆	WDZ-YJY-4×240+1×120	m	20	市电柜至UPS输入
2	电力电缆	WDZ-YJY-4×150+1×70	m	20	市电柜至配电列头柜B路
3	电力电缆	WDZ-YJY-5×10	m	100	市电柜至列间空调
4	电力电缆	WDZ-YJY-4×150+1×70	m	10	UPS至配电列头柜A路
5	电力电缆	WDZ-YJRY-3×6	m	300	配电列头柜至A路PDU
6	电力电缆	WDZ-YJRY-3×6	m	300	配电列头柜至B路PDU
7	电力电缆	WDZ-YJY-1×120	m	90	UPS至电池
8	电力电线	WDZ-BYJ-3×2.5	m	50	照明
9	单管LED照明灯	1×18W	套	8	防爆型
10	双管LED照明灯	2×18W	套	30	
11	单联开关	底边距地1.3m，距门框0.15m	个	2	
12	双联开关	底边距地1.3m，距门框0.15m	个	2	

模块化微型机房（多机柜）强电布线示意图	图号
南京普天天纪楼宇智能有限公司	MMDC4-11

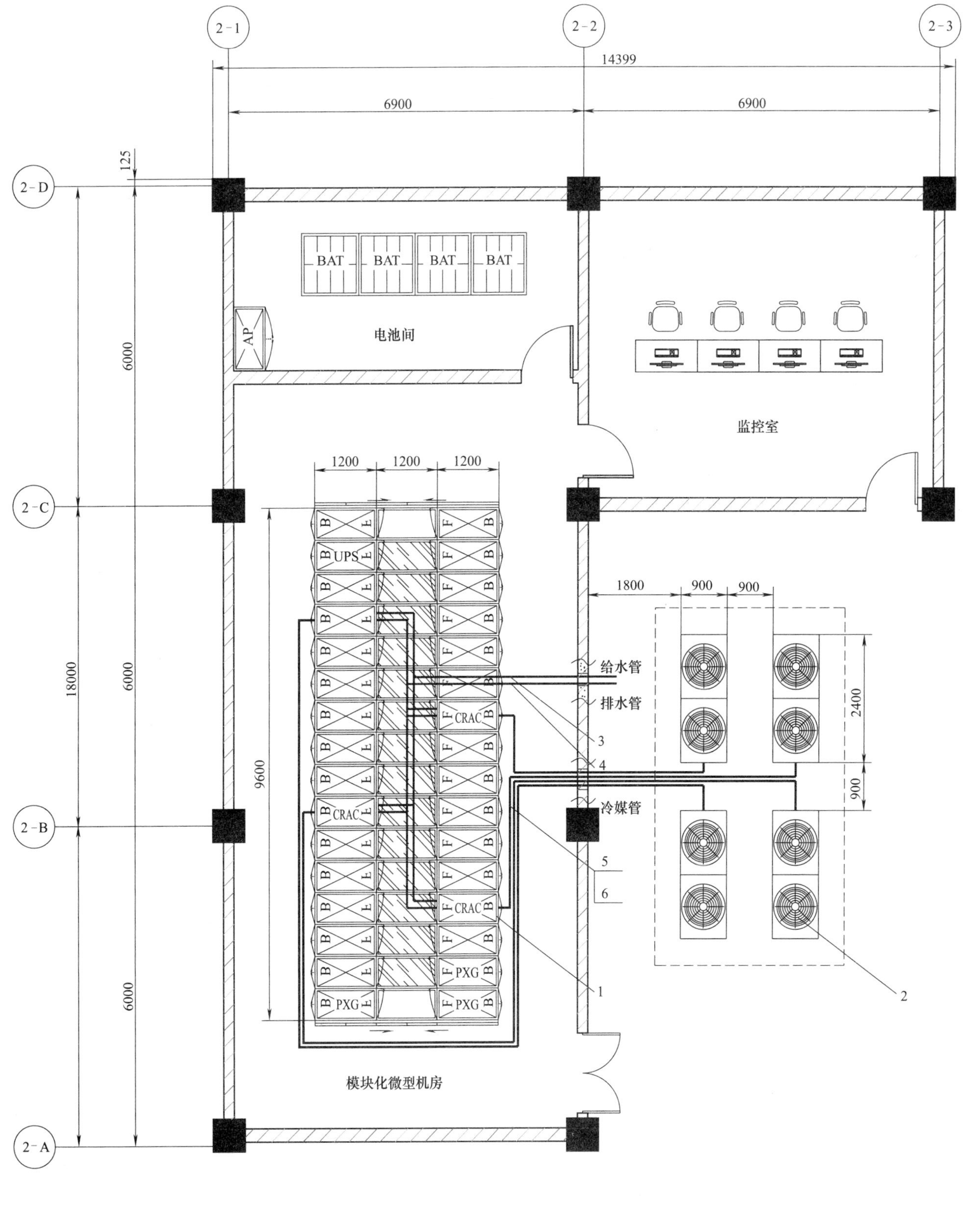

模块化微型机房(多机柜)空调给水排水和冷媒管路图 1∶100

说明：

1. 空调室外机放置在机房楼顶的平台上，室外机安装地面由土建方做加固处理，承重满足空调外机安装要求。

2. 所有冷媒管均做橡塑发泡保温处理，导热系数在平均温度 0℃ 时为 0.036W/(m·K)，满足规范要求。

序号	名 称	规格要求	单位	数量	备 注
1	列间空调室内机(40kW)	制冷量40kW风冷直膨变频	套	4	600(W)×1200(D)×2000(H)
2	列间空调室外机	换热量60kW	套	4	
3	PPR聚丙烯热熔管	加湿给水 φ20	m	30	
4	PPR聚丙烯热熔管	排水 φ50	m	20	
5	冷媒管	液管 φ22	m	25	
6	冷媒管	气管 φ25	m	25	

模块化微型机房（多机柜）空调给水排水和冷媒管路示意图	图号
南京普天天纪楼宇智能有限公司	MMDC4-12

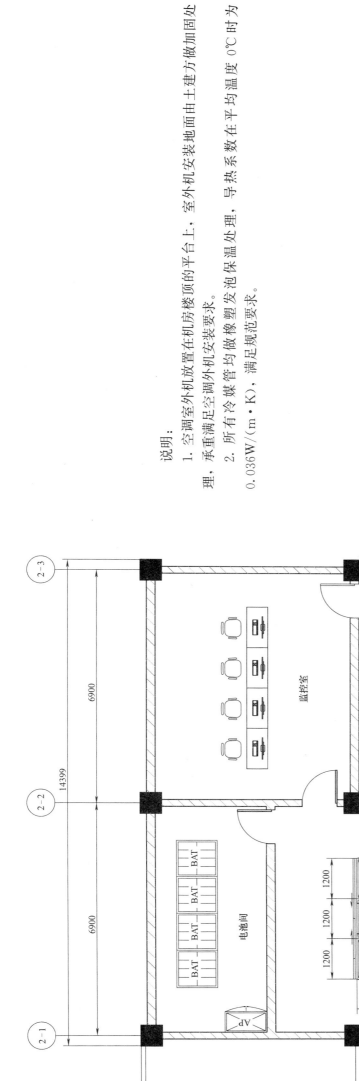

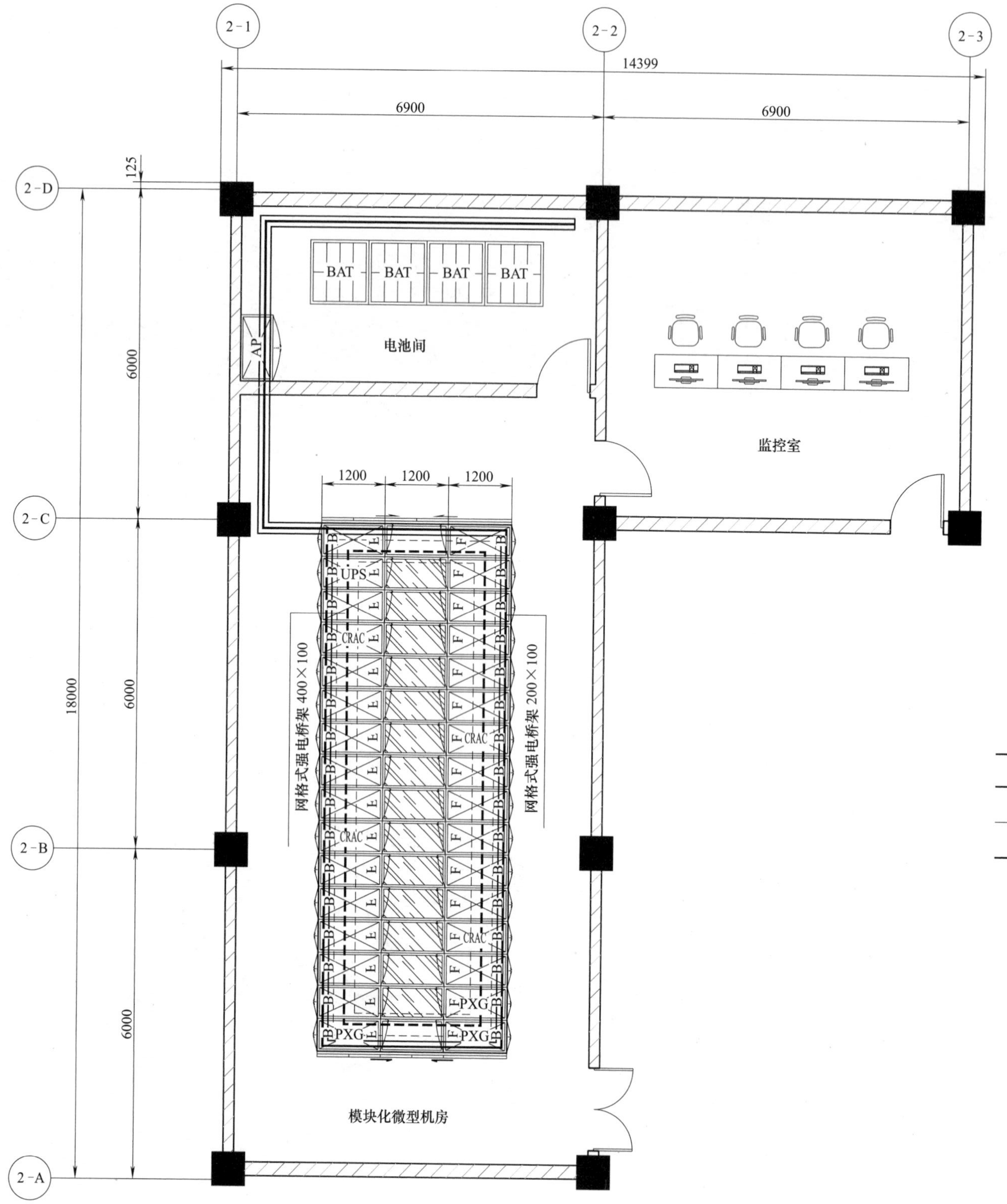

模块化微型机房(多机柜)桥架平面图 1:100

说明：

1. 模块化微型机房采用网格式桥架，机柜顶部的桥架采用柜顶安装方式，桥架底部距离机柜顶部 150mm；其他区域的桥架采用吊装方式，距离与机柜顶部桥架适配。

2. 弱电桥架使用 400mm×100mm 网格式桥架，强电桥架使用 200mm×100mm 网格式桥架。

序号	名 称	规格要求	单位	数量	备 注
1	强电桥架(网格式)	200mm×100mm	m	42	含柜顶桥架安装配件
2	弱电桥架(网格式)	400mm×100mm	m	27	含柜顶桥架安装配件

模块化微型机房（多机柜）桥架平面图		图号
南京普天天纪楼宇智能有限公司		MMDC4-13

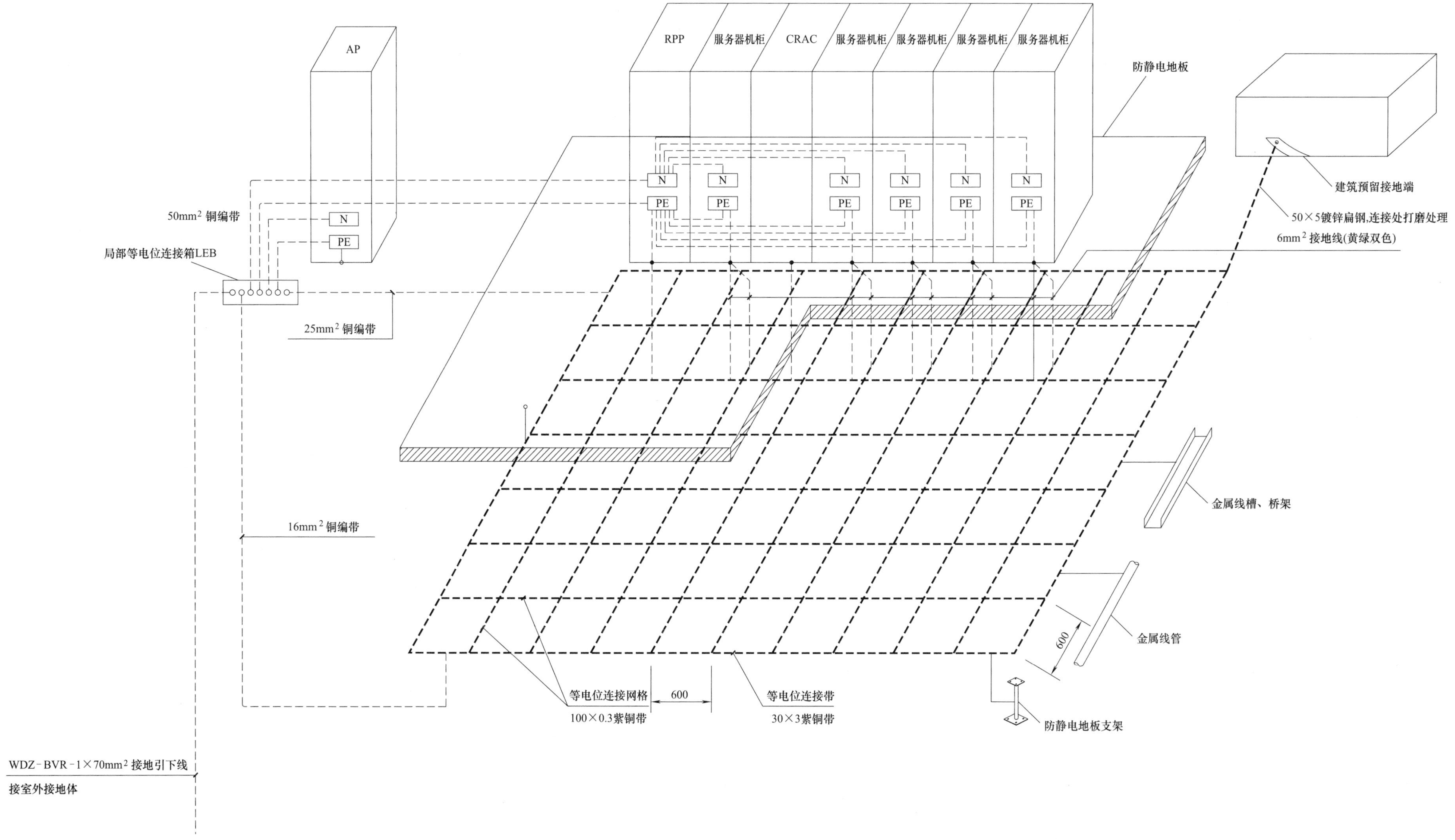

模块化微型机房（多机柜）接地示意图	图号
南京普天天纪楼宇智能有限公司	MMDC4-14

系统概述

一、总体概述

机架式消防模块是专门针对微型模块化数据机房研发的集机柜内火灾自动探测、自动灭火、自动信号传输功能为一体的一系列全自动灭火装置。本系列装置既可确保机柜自身的数据及设备免遭火灾危害，同时避免其成为火源点对相邻机柜或周边环境造成威胁。

基于精准保护的设计理念，机架式消防模块可保护从单机柜数据机房到单排柜、双排微模块的各类微型模块化数据机房。

机架式消防模块根据启动方式的分为以下两种：

（1）感温自启动方式

采用感温玻璃球启动方式的机架式消防模块，当机柜内的环境温度达到感温玻璃球设定的启动温度 68℃（或可根据环境需求定制）时，感温玻璃球破裂，储存容器中的灭火剂经药剂输送管道由喷头喷向机柜内，实施全淹没灭火。

感温自启动方案在安装便捷性、空间占用、建设成本等方面更具备优势。

（2）烟温感联动启动方式

机柜内置的烟感和温感联动启动的机架式消防模块，由烟温感两级报警信号传输至装置内控制模块，联动启动多台机架式自动灭火装置，实现单排机柜的消防保护。可根据柜内环境及用户的需要，选配主动吸气式早期报警探测单元，进一步提高机房的火灾预警能力。

二、技术特点

机架式消防模块由灭火剂贮存容器、启动释放组件、检漏装置、压力信号反馈装置、机壳等组成，能自动启动喷放气体灭火剂。

机架式消防模块与传统机房或机柜消防解决方案相比，具有以下技术优势：

（1）针对微模块内设备进行精准保护，探测及灭火可靠性更高，且使用的灭火药剂量远小于常规机房灭火系统。

（2）保护范围可同时覆盖微模块所在房间，但在探测灭火有效性、整体成本、安装便捷性、部署时间、占用空间等方面明显优于传统机房消防方案。

（3）可帮助用户更快定位火灾隐患。

（4）后期维护更加便捷。

（5）在实现自动灭火的同时，不会对周边设施造成影响。

（6）无需施工、易安装（采用工厂预制或后期加装，大幅节省成本）。

（7）不依赖建筑消防设施，使机柜的安装位置更加灵活。

（8）可灵活选择是否与大楼消防系统进行联动，部署及管理更加简单。

三、技术规格及设备接口

产品系列			感温自启动型机架式消防模块	烟温感联动型机架式消防模块
技术规格	灭火药剂种类		七氟丙烷	
	贮存压力(MPa)20℃		1.6	
	最大工作压力(MPa)50℃		2.5	
	灭火剂喷射时间(s)		≤10	
	适用环境温度(℃)		−10～50	
	装置外形尺寸图(mm)	A	482.6	
		B	600	
		C	430	
		H	88.9(2U)～355.6(8U)	88.9(2U)～533.4(12U)
	装置重量(kg/台)		≥12	≥25
设备接口			(1)压力信号反馈装置外部接线应满足电压≤24V、电流≤10A 的需求。 (2)烟温感联动型专用消防模块需要外供 24V 不间断电源	

系统概述	图号
北京力坚科技有限公司	MMDC5-1

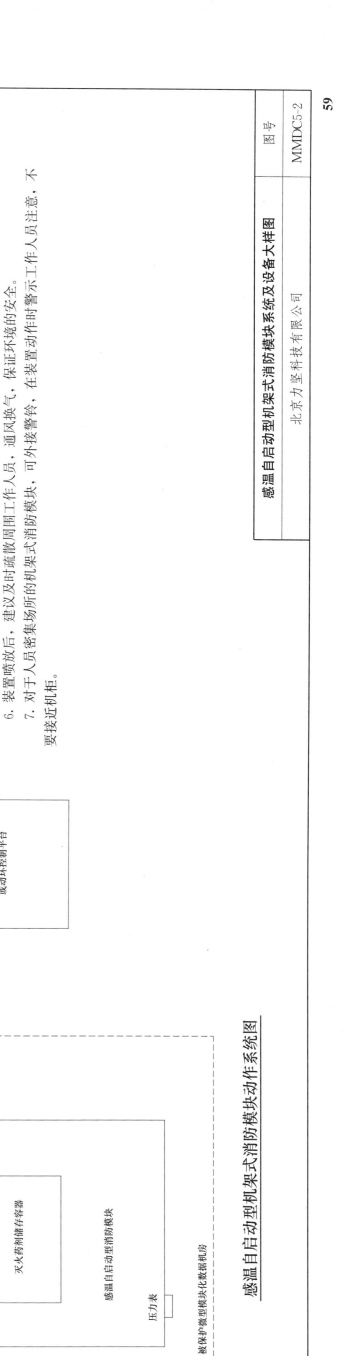

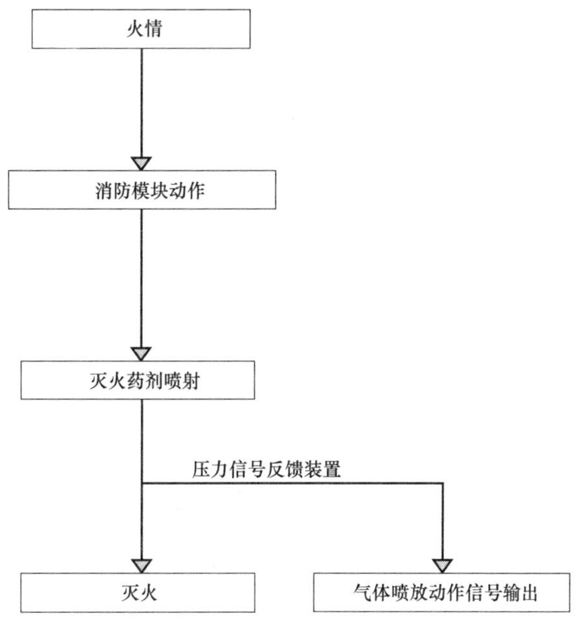
火情
消防模块动作
灭火药剂喷射
压力信号反馈装置
灭火
气体喷放动作信号输出

感温自启动型机架式消防模块动作原理图

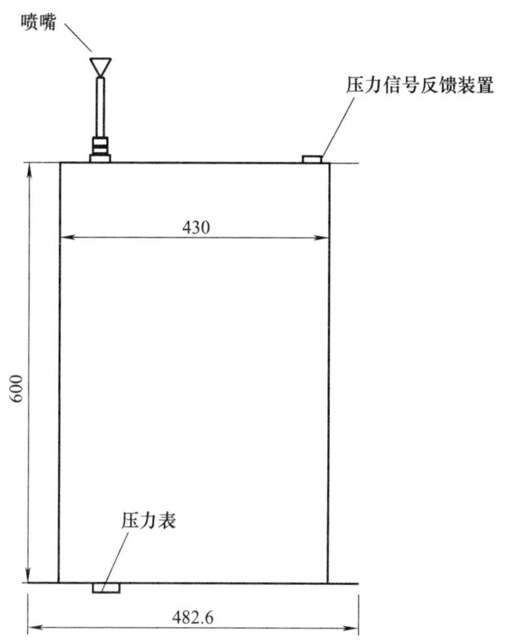
喷嘴
压力信号反馈装置
430
600
压力表
482.6

感温自启动型机架式消防模块设备俯视大样图 1:10

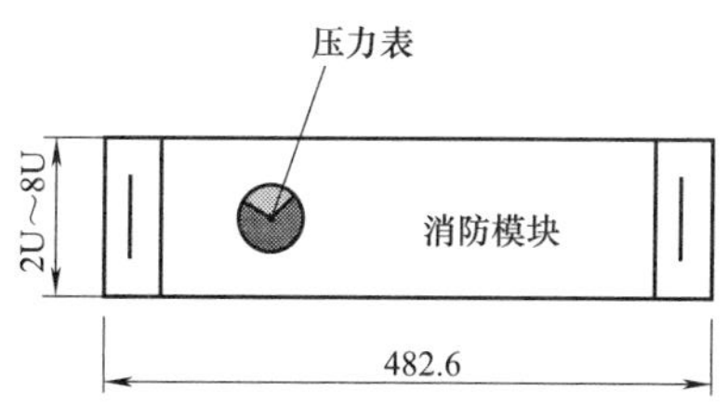
压力表
2U～8U
消防模块
482.6

感温自启动型机架式消防模块设备正视大样图 1:10

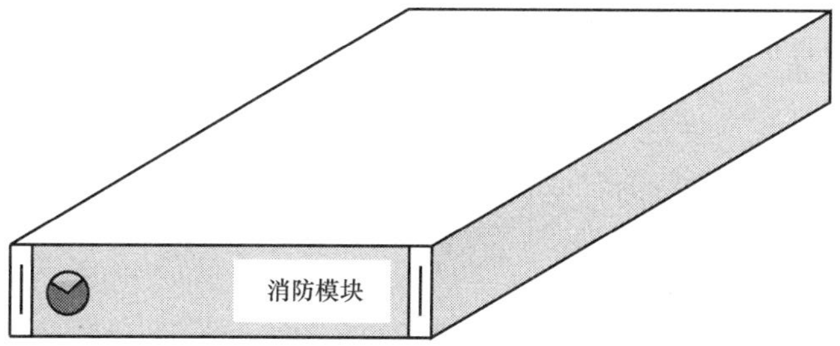
消防模块

感温自启动型机架式消防模块设备轴侧大样图 1:10

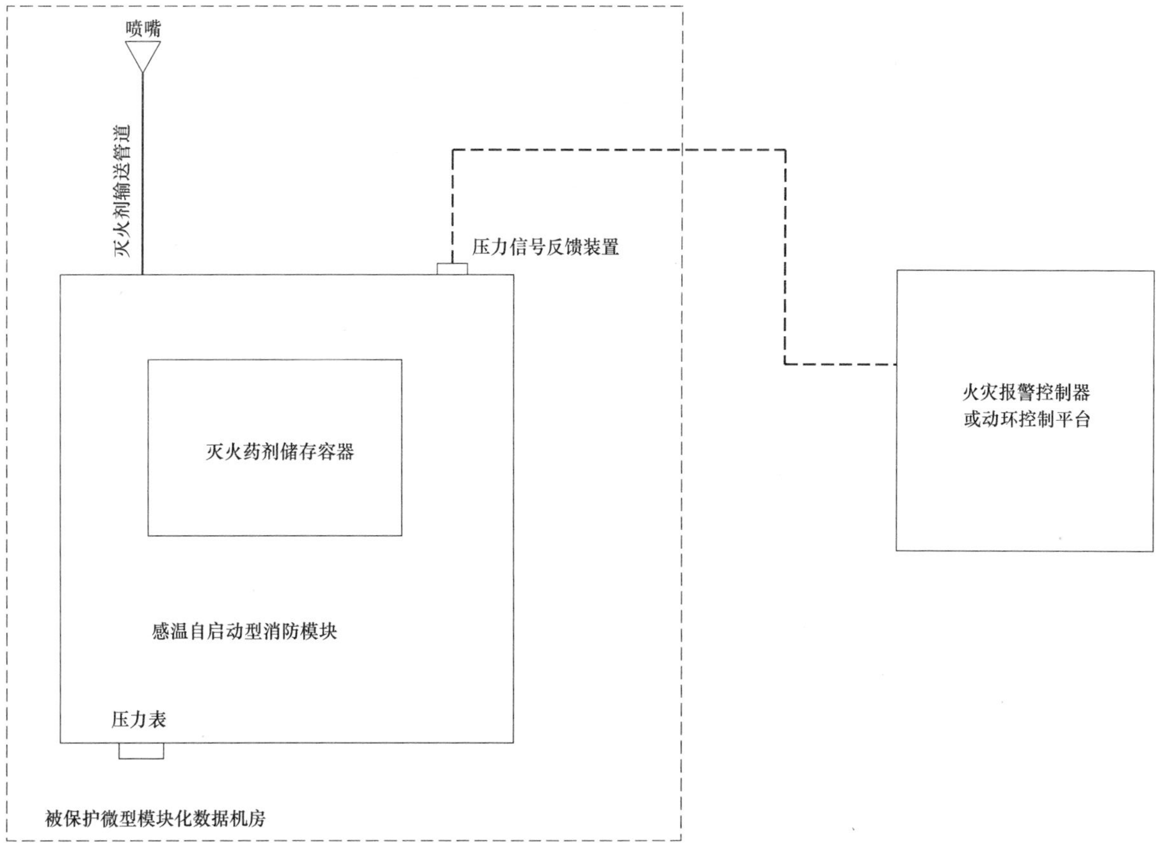
喷嘴
灭火剂输送管道
压力信号反馈装置
灭火药剂储存容器
感温自启动型消防模块
压力表
被保护微型模块化数据机房
火灾报警控制器
或动环控制平台

感温自启动型机架式消防模块动作系统图

注：

1. 安装方式：机架式安装。
2. 装置应安装在机柜顶部，不得有其他物件阻挡或妨碍装置的正常工作。
3. 采用感温自启动方式的灭火装置喷头应安装在热通道内，保证感温探测器元件的探测效果。
4. 装置仅能水平安装。
5. 装置底部应有隔板、支架或其他机箱支撑，确保安全稳定。
6. 装置喷放后，建议及时疏散周围工作人员，通风换气，保证环境的安全。
7. 对于人员密集场所的机架式消防模块，可外接警铃，在装置动作时警示工作人员注意，不要接近机柜。

感温自启动型机架式消防模块系统及设备大样图	图号
北京力坚科技有限公司	MMDC5-2

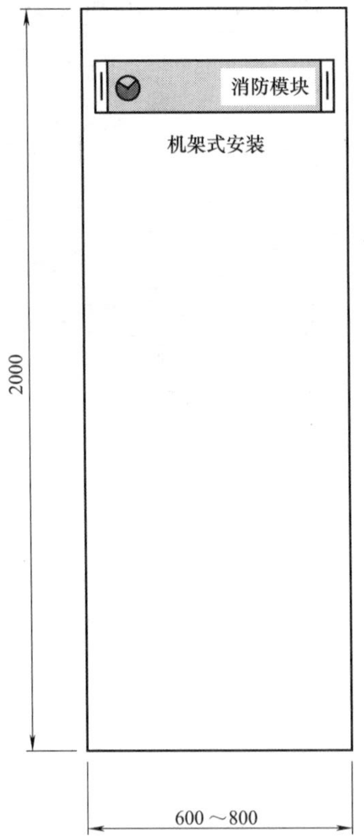
2000
消防模块
机架式安装
600～800

单机柜消防模块(感温自启动型)正面安装示意图 1:20

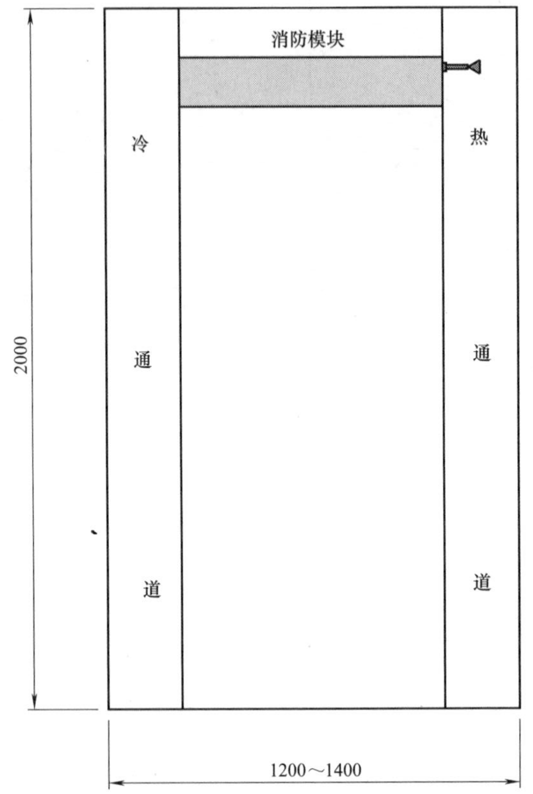
2000
消防模块
冷
通
道
热
通
道
1200～1400

单机柜消防模块(感温自启动型)侧面安装示意图 1:20

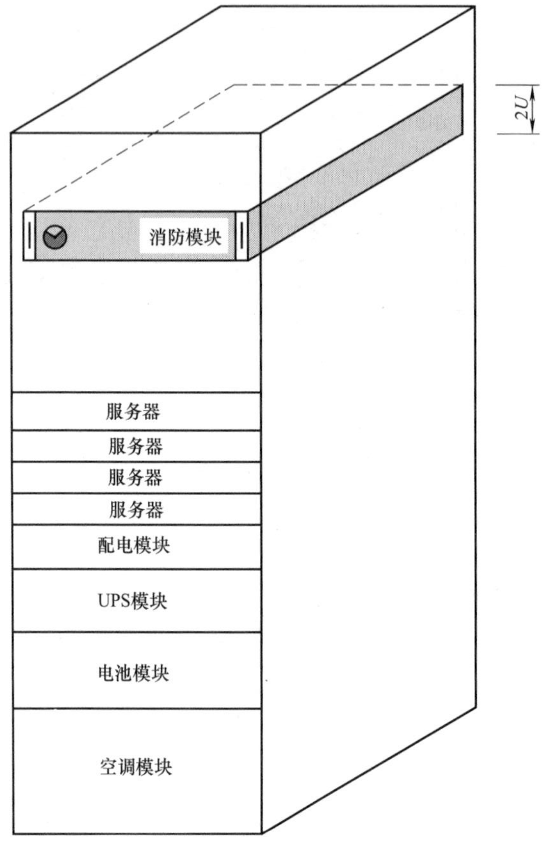
2U
消防模块
服务器
服务器
服务器
服务器
配电模块
UPS模块
电池模块
空调模块

单机柜消防模块(感温自启动型)轴侧安装示意图 1:20

单机柜机架式消防模块设计案例说明：

1. 药剂：七氟丙烷。
2. 建议设计浓度：8%（安全浓度，不会对人体造成伤害）。
3. 保护体积：单机柜的空间内体积（比如对于 0.6m×1.4m×2m 的单机柜，保护体积=0.6×1.4×2=1.68m^3）。
4. 药剂量：按照《气体灭火设计规范》GB 50370—2005 的 3.3.14 款相应公式进行计算（对于 1.68m^3 的单机柜，需要的药剂量是 1.11kg）。
5. 设备选型：根据所用药剂量选择设备型号（当药剂量为 1.11kg 时，选用一套 ZA2U1.8 型机架式自动灭火装置）。

感温自启动型机架式消防模块安装示意图（一）	图号
北京力坚科技有限公司	MMDC5-3

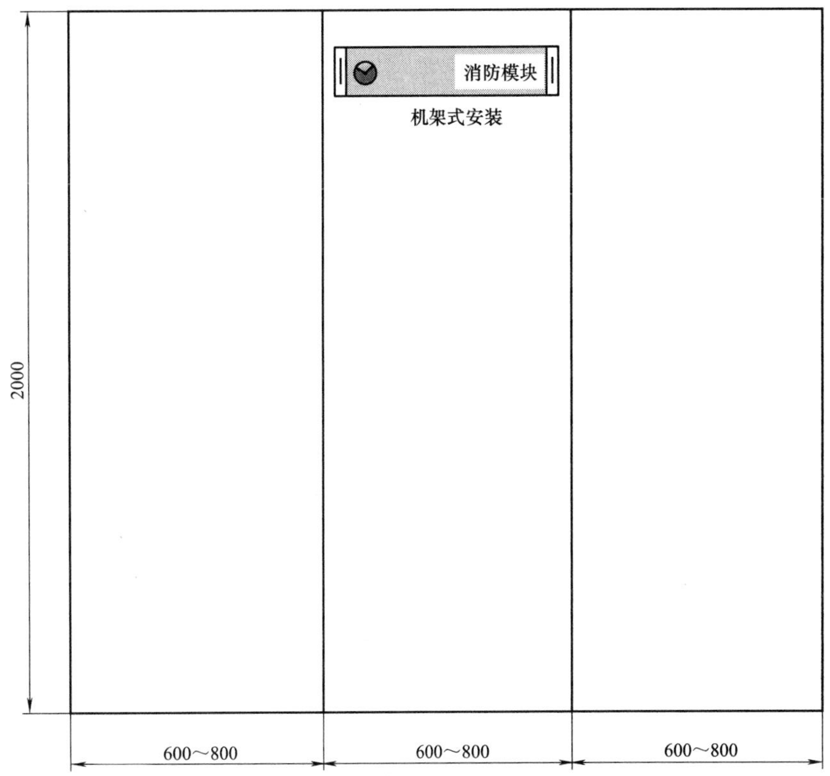
消防模块
机架式安装
2000
600～800
600～800
600～800

3连机柜消防模块(感温自启动型)正面安装示意图 1:20

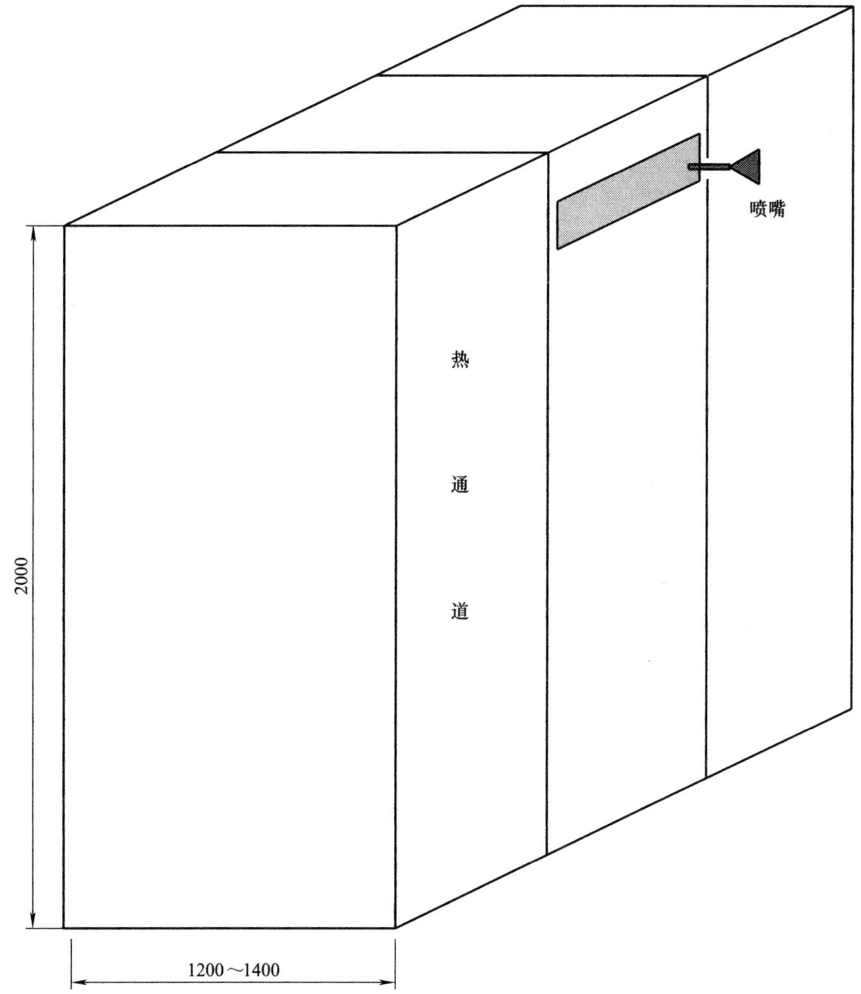
喷嘴
热
通
道
2000
1200～1400

3连机柜消防模块(感温自启动型)轴侧安装示意图 1:20

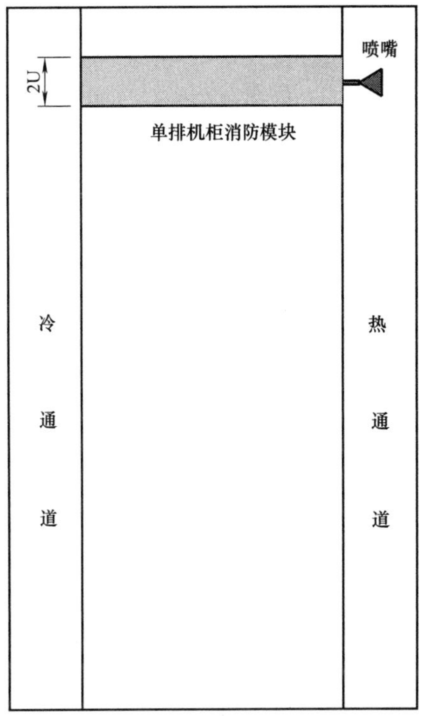
喷嘴
2U
单排机柜消防模块
冷
通
道
热
通
道

3连机柜消防模块(感温自启动型)侧面安装示意图 1:20

3 连机柜架式消防模块设计案例说明：

1. 药剂：七氟丙烷。

2. 建议设计浓度：8%（安全浓度，不会对人体造成伤害）。

3. 保护体积：单排机柜的安间内体积（比如对于由 3 个 0.6m×1.4m×2m 的机柜构成的 3 连柜，保护体积=0.6×1.4×2×3=5.04m^3）。

4. 药剂量：按照《气体灭火设计规范》GB 50370—2005 的 3.3.14 款相应公式进行计算（对于 5.04m^3 的 3 连柜，需要的药剂量是 3.32kg）。

5. 设备选型：根据所用药剂量选择设备型号（当药剂量为 3.32kg 时，选用一套 ZA2U5.4 型机架式自动灭火装置）。

感温自启动型机架式消防模块安装示意图（二）	图号
北京力坚科技有限公司	MMDC5-4

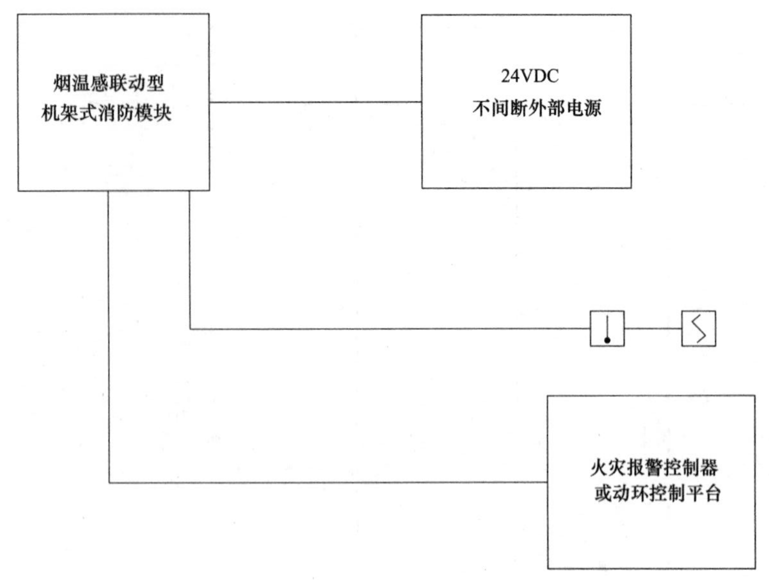

烟温感联动型机架式消防模块动作系统图

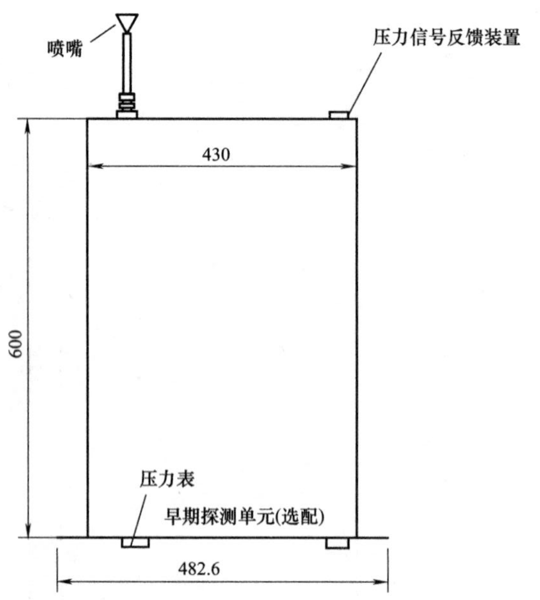

烟温感联动型机架式消防模块设备俯视大样图 1:10

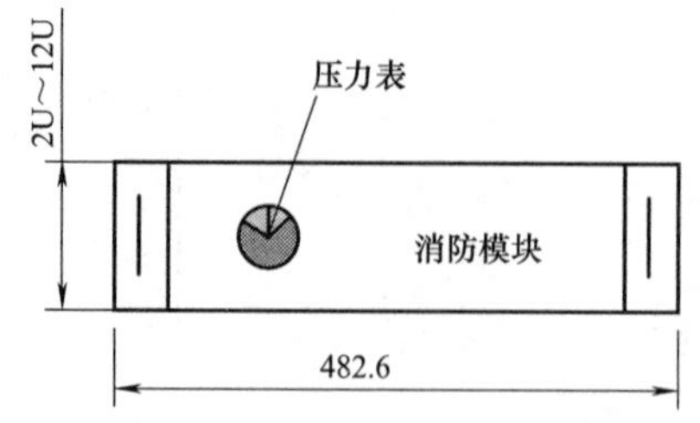

烟温感联动型机架式消防模块设备正视大样图 1:10

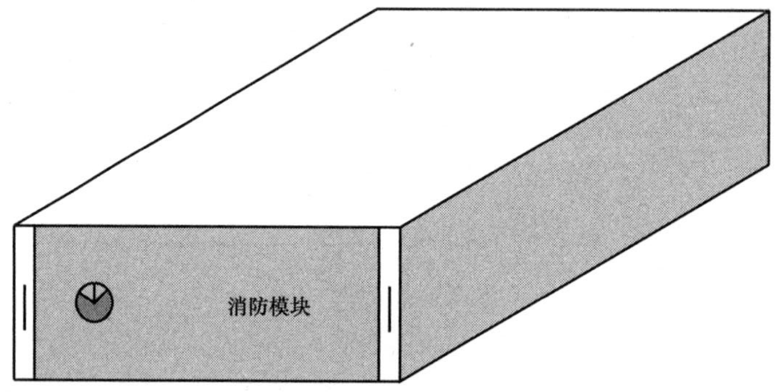

烟温感联动型机架式消防模块设备轴侧大样图 1:10

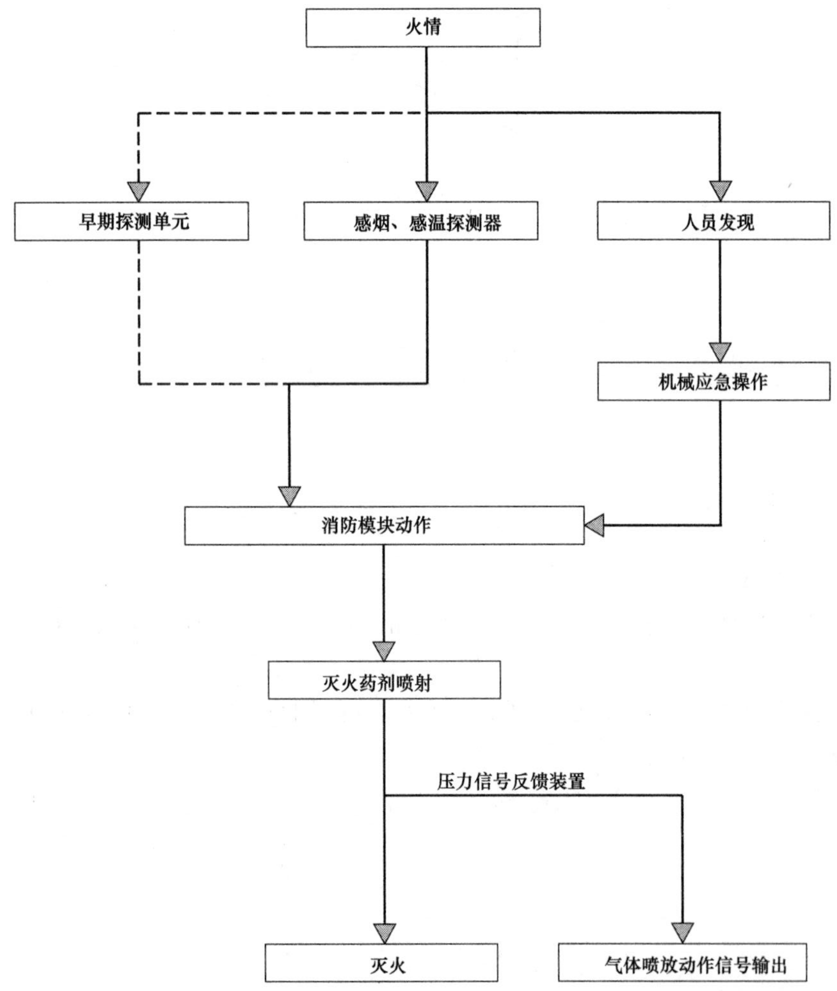

烟温感联动型机架式消防模块动作原理图

注：

1. 安装方式：机架式安装。
2. 装置应安装在机柜顶部，不得有其他物件阻挡或妨碍装置的正常工作。
3. 装置仅能水平安装。
4. 装置底部应有隔板、支架或其他机箱支撑，确保安全稳定。
5. 装置喷放后，建议及时疏散周围工作人员，通风换气，保证环境的安全。
6. 对于人员密集场所的机架式消防模块，可外接警铃，在装置动作时警示工作人员注意，不要接近机柜。

烟温感联动型机架式消防模块系统及设备大样图	图号
北京力坚有限公司	MMDC5-5

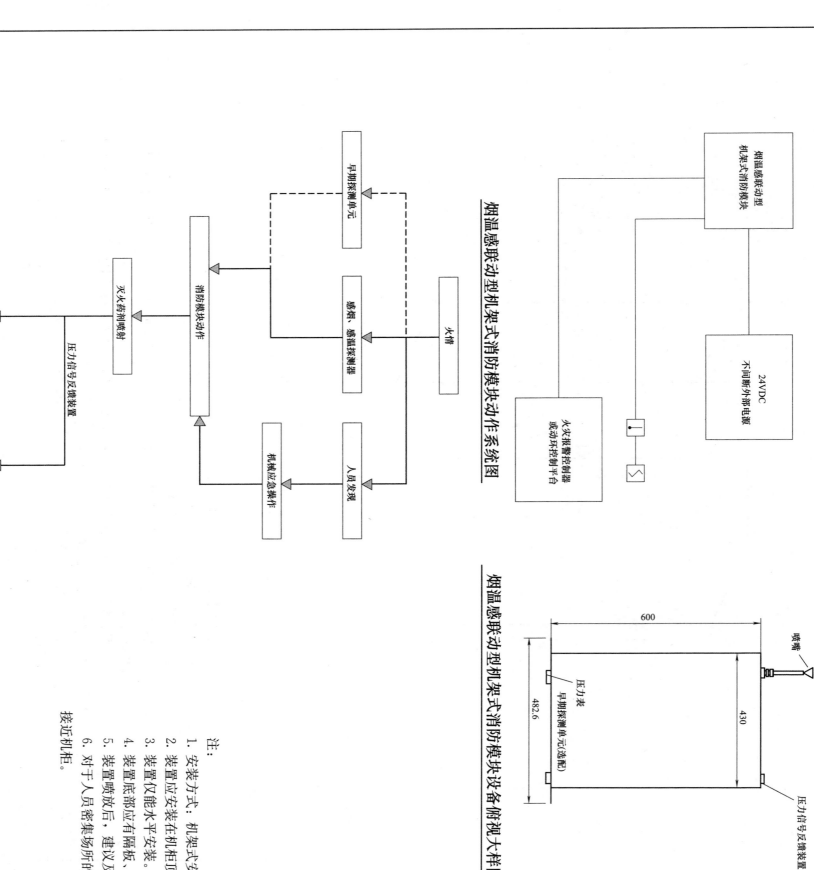

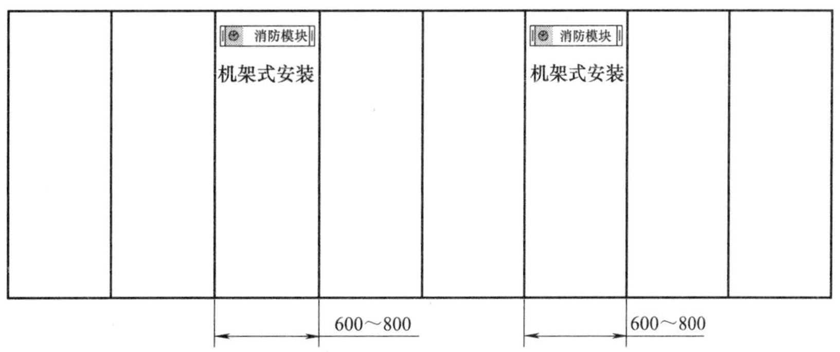
消防模块
机架式安装
消防模块
机架式安装
600～800
600～800

8连机柜消防双模块正面安装示意图 1:50

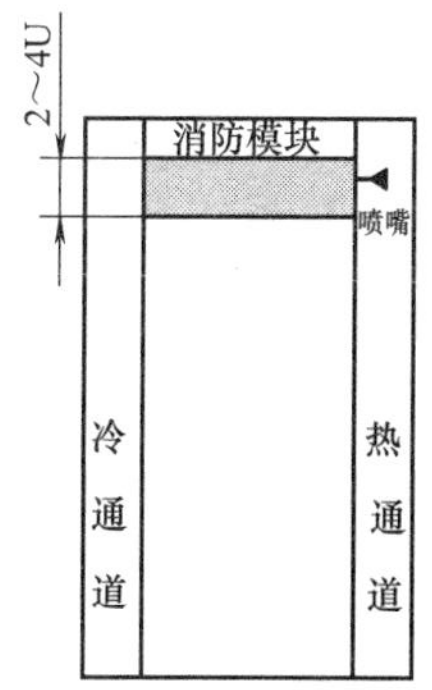
2～4U
消防模块
喷嘴
冷通道
热通道

8连机柜消防双模块侧面安装示意图 1:50

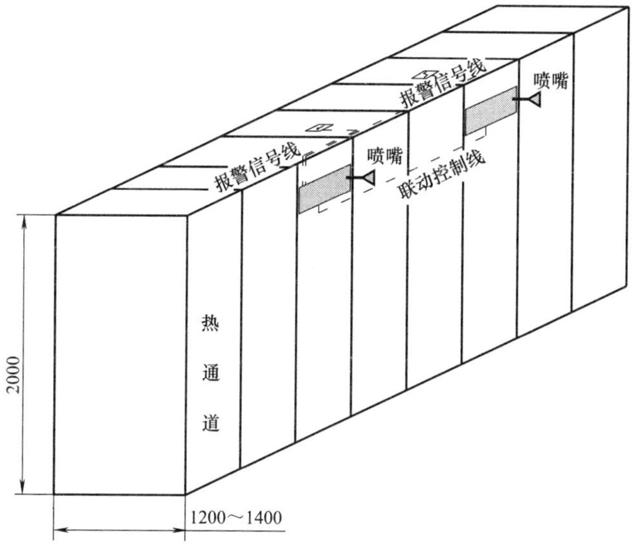
报警信号线
喷嘴
报警信号线
喷嘴
联动控制线
热通道
2000
1200～1400

8连机柜消防双模块轴侧安装示意图 1:50

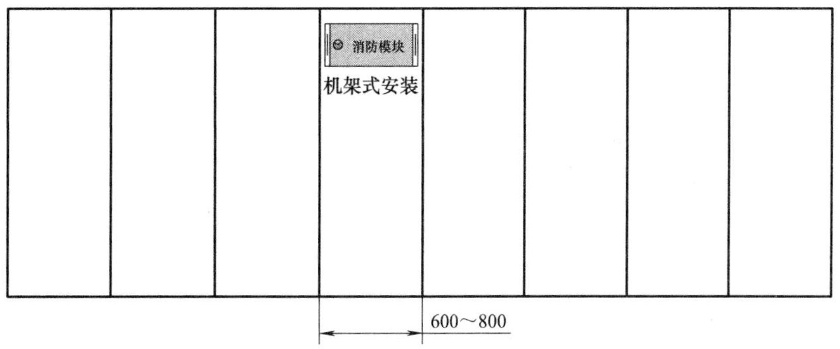
消防模块
机架式安装
600～800

8连机柜消防单模块正面安装示意图 1:50

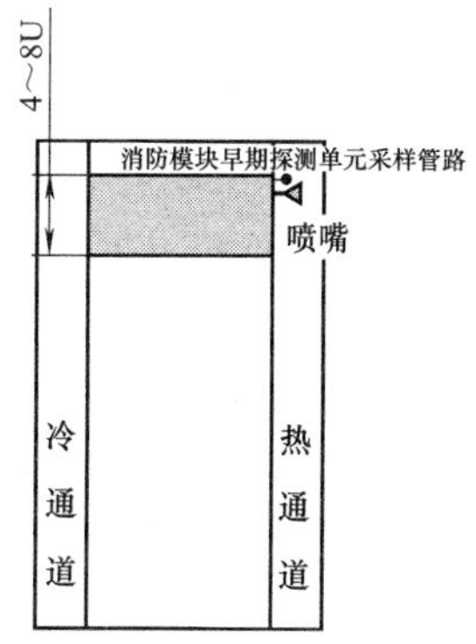
4～8U
消防模块早期探测单元采样管路
喷嘴
冷通道
热通道

8连机柜消防单模块侧面安装示意图 1:50

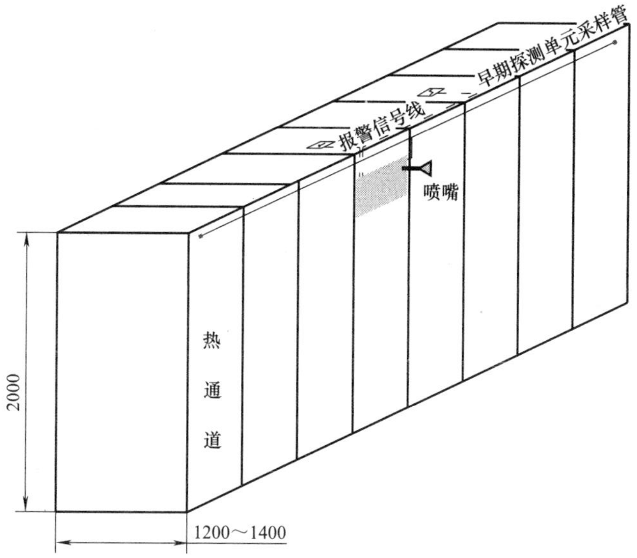
早期探测单元采样管
报警信号线
喷嘴
热通道
2000
1200～1400

8连机柜消防单模块轴侧安装示意图 1:50

8 连机柜架式消防模块设计案例说明：

1. 药剂：七氟丙烷。
2. 建议设计浓度：8%（安全浓度，不会对人体造成伤害）。
3. 保护体积：单排机柜的空间内体积（比如对于由 8 个 0.6m×1.4m×2m 的机柜组成的 8 连柜，保护体积=0.6×1.4×2×8=13.44m^3）。
4. 药剂量：按照《气体灭火设计规范》GB 50370—2005 的 3.3.14 款相应公式进行计算（对于 13.44m^3 的 3 连柜，需要的药剂量是 8.76kg）。
5. 设备选型：根据所用药剂量选择设备型号（当药剂量为 8.76kg 时，选用两套 ZA2U5.4 型机架式自动灭火装置）。
6. 烟感、温感的布置位置和数量应根据柜内气流组织等环境因素进行设计。
7. 选配主动吸气式早期探测单元的，采样管的布置应根据柜内气流组织形式进行优化设计，如布置在热通道回风处。

烟温感联动型机架式消防模块安装示意图（一）	图号
北京力坚科技有限公司	MMDC5-6

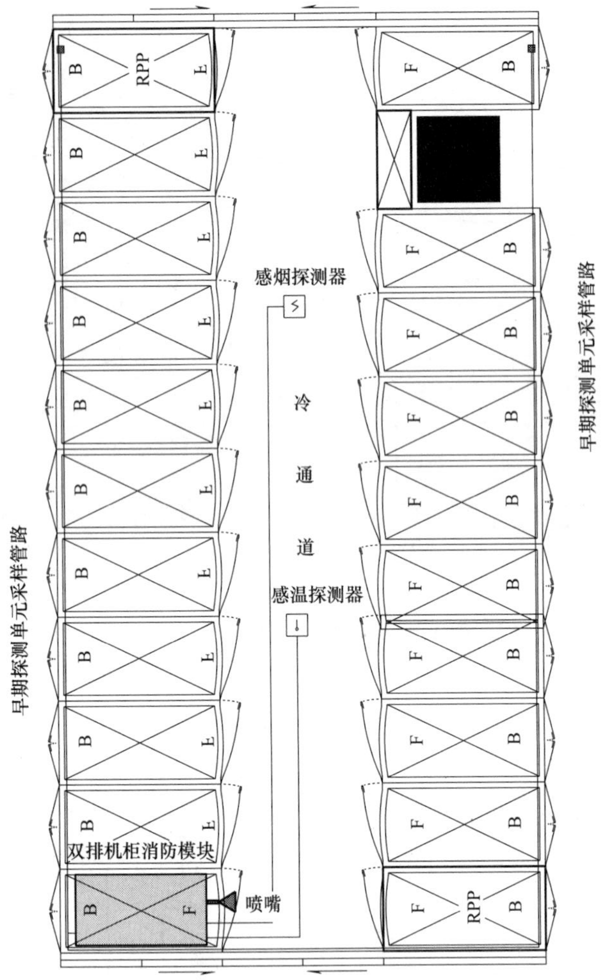

双排组机柜消防模块平面安装示意图 1:50

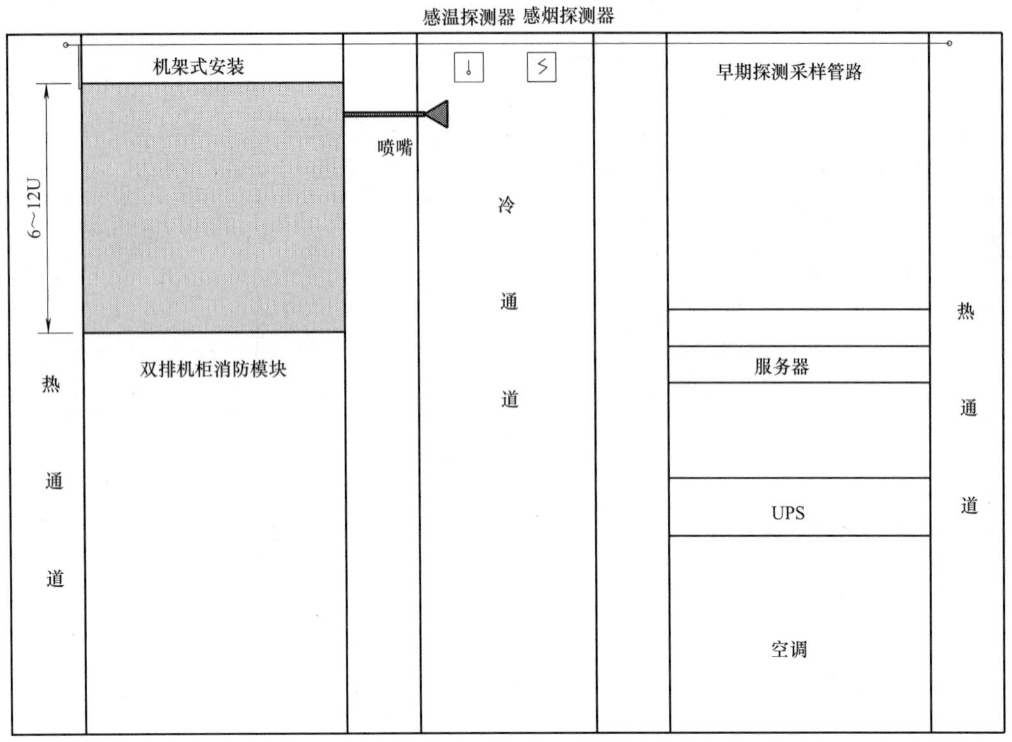

双排组机柜消防模块侧面安装示意图 1:20

双排组机柜机架式消防模块设计案例说明：

1. 药剂：七氟丙烷。
2. 建议设计浓度：8%（安全浓度，不会对人体造成伤害）。
3. 保护体积：双排机柜的空间内体积（例如对于由 20 个 0.6m×1.4m×2m 的机柜组成的双排组机柜，保护体积＝0.6×1.4×2×20＝33.6m³）。
4. 药剂量：按照《气体灭火设计规范》GB 50370—2005 的 3.3.14 款相应公式进行计算（对于 33.6m³ 的 3 连柜，需要的药剂量是 24.3kg）。
5. 设备选型：根据所用药剂量选择设备型号（当药剂量为 24.3kg 时，选用一套双排组机柜机架式自动灭火装置）。
6. 烟感、温感的布置位置和数量应根据柜内气流组织等环境因素进行设计。
7. 选配主动吸气式早期探测单元的，采样管的布置应根据柜内气流组织形式进行优化设计，如布置在热通道回风处。

微型模块化数据机房机架式消防模块设备材料表

序号	组件名称	主要功能
1	灭火药剂储存容器	贮存灭火剂
2	喷嘴	喷放灭火剂，实现灭火
3	压力信号反馈装置	灭火剂喷放时，将信号反馈到火灾自动报警控制器或动环监控平台
4	压力表	显示灭火药剂储存容器内压力
5	感烟探测器	通过监测机房烟雾浓度实现火灾检测，并可反馈火灾信号到火灾报警控制器或动环监控平台
6	感温探测器	通过监测机柜房温度实现火灾检测，并可反馈火灾信号到火灾报警控制器或动环监控平台
7	极早期探测单元(选配)	吸气式主动烟雾探测器，能极早探测到火灾信号，提高机房的火灾预警能力
8	24V不间断外部电源	为烟温感联动型机架式消防模块提供动作电源
9	火灾报警控制器	自动检测火灾信号及机架式消防模块动作信号
10	动环监控平台	自动检测火灾信号及机架式消防模块动作信号

烟温感联动型机架式消防模块安装示意图（二）	图号
北京力坚科技有限公司	MMDC5-7

中国勘察设计协会建筑电气工程设计分会

中国勘察设计协会（国家一级协会）建筑电气工程设计分会（以原全国智能建筑技术情报网为基础）是工程勘察设计行业的全国性社会团体，由设计单位、建设单位、产品单位等电气专业人士自愿组成的非营利性社团组织，是中国勘察设计协会的分支机构，在中国勘察设计协会的领导下开展工作，挂靠单位为中国建设科技集团。

中国勘察设计协会建筑电气工程设计分会通过民政部审批，于2014年6月正式成立，2018年6月电气分会第二届理事会提出了“高平台·高品质·高格局”的主题，并着手打造“专业人才创新圈”“生态合作创新圈”“专业合作创新圈”的三大创新圈。截至2019年11月底，已拥有全国的会员单位459家，电气分会常务理事142人，理事443人，有来自全国31个省、自治区的高职称（教授级高工、研究员、教授及以上）和高职务（副所长、副总工及以上）的双高专家组成的“电气双高专家组”（约373人，包括2位全国勘察设计大师、16位国务院政府特殊津贴专家，10位省勘察设计大师），来自全国31个省、自治区的45岁以下从事电气行业工作的杰出青年组成的“电气杰青组”（约172人）。并相继成立了华北、华东、东北，中南、西南，华南、西北等七个电气学组。

分会使命：构建服务平台，汇聚电气精英，实现合作共赢，引领行业发展。

工作方针：致力中国一流电气协会服务，搭建中国一流电气交流平台，创新中国一流电气技术推广，推动中国建筑电气工作目标：打造中国建筑电气行业（建设单位、设计单位、产品单位三位一体）的高端技术平台交流。

工作宗旨：服务促品服，交流促推广，研究促技术，创新促发展。

工作职能：政府技术支持、科研课题研究、优秀项目评选、电气技术培训，新技术的推广，交流平台搭建。

名誉会长：张军

会长：欧阳东

副会长：郭晓岩、陈众励、陈建飚、杜毅威、杨德才，孙成群、李蔚、熊江，王勇、李俊民、周名嘉、徐华、王廼宁、张珣、齐晓明

秘书长：吕丽

副秘书长：王苏阳

秘书长助理：于娟、李战赠

地址：北京市西城区德胜门外大街36号A座4层

邮编：100120

联系人：于娟、吕丽

电话：010-57368796、57368799　传真：010-57368794

中国建筑节能协会建筑电气与智能化节能专业委员会

中国建筑节能协会（国家一级协会）是经国务院同意、民政部批准成立，由住房和城乡建设部主管，其下属分会“建筑电气与智能化节能专业委员会”（下简称专委会）由中国建设科技集团负责筹建，该专委会通过民政部审批，于2013年5月正式成立，专委会致力于提高建筑楼宇电气与智能化管理水平，加强与政府的沟通，进行深层次学术交流，促进企业和规范行业产品市场，实现信息资源共享并进行开发利用：积极组织技术交流与培训活动，开展咨询服务；编辑出版相关的专业技术刊物和资料；力保国家节能工作稳步落实，促进建筑电气行业节能技术的发展。

工作职能：协助政府部门和中国建筑节能协会进行行业管理及对会员单位的监督管理工作；协助中国建筑节能协会优秀项目评选活动；收集本行业设计、施工、管理等方面的信息，进行开发利用和实现信息资源共享；积极组织技术交流与培训活动，开展咨询服务，协助会员单位进行人才培养；组织技术开发和业务建设，协助会员单位拓宽业务领域和开发多种形式的协作；编辑出版有关技术刊物和资料（含电子出版物）；组织信息交流，宣传党和国家有关工程建设的方针政策；开展国际技术合作与交流活动；关注行业发展与社会经济建设，向政府主管部门反映会员单位和工程技术人员相关政策、技术方面的建议和意见；承担政府有关部门委托的任务。

工作方针：致力卓越服务、传播业界信息、促进技术进步、推动行业发展。

工作宗旨：从质量中求精品、从管理中求效益、从服务中求市场、从创新中求发展。

名誉主任：张军

主任：欧阳东

副主任：郭晓岩、陈众励、杨德才、杜毅威、刘侃、李蔚、陈建飚、王勇、李炳华、周名嘉、熊江

秘书长：吕丽

副秘书长：王苏阳

秘书长助理：于娟

地址：北京市西城区德胜门外大街36号A座4层

邮编：100120

联系人：于娟、吕丽

电话：010-57368796、57368799　传真：010-57368794

《模块化微型数据机房设计及安装图集》参编单位联系方式

序号	单位名称	单位地址	邮编	联系人	电话	传真	邮箱地址	单位网站
1	浩德科技股份有限公司	上海市长宁区延安西路 726 号 1 楼	200050	齐立民	021-51098680	/	Qilimin@haodechina. com	www. haodechina. com
2	华为技术有限公司	深圳龙岗坂田华为基地 H3	518129	吴江荣	400-822-9999	0755-89241768	solutionpartner@huawei. com	www. huawei. com
3	浙江德塔森特数据技术有限公司	浙江省宁波市国家高新区冬青路 378 号	315000	詹凯	400-865-5169	0574-87080371	zhank@dtctcn. com	www. dtctcn. com
4	南京普天天纪楼宇智能有限公司	南京市江宁经济技术开发区松岗街 18 号	211102	郝雁强	025-66675233	025-66675284	1254395728@qq. com	www. telege. cn
5	北京力坚科技有限公司	北京市西城区白广路 4 号	100053	刘昕	18618331315	/	allen. liu@pec. cn	www. pec. cn